Alle Flugzeuge
die man kennen muss

NGV

Hinweis zur Gliederung des Buches:
Da es eine Fülle von verschiedenen Flugzeugtypen gibt, wurden diese in neun Kapitel gegliedert, um eine Zuordnung in Kategorien nach Art und Verwendungszweck zu gewährleisten. Jede Gliederung hat Vorzüge und Nachteile. Zuordnungen zum einen oder anderen Kapitel fallen nicht immer leicht und werden nie ganz unstrittig sein. Innerhalb eines jeden Kapitels erfolgte die Sortierung alphabetisch nach Herstellern und Konstrukteuren. Erschwert wurde dies in manchen Fällen durch Firmenverkäufe und -fusionen sowie Umfirmierungen mit neuer Namensgebung. Hier wurde, besonders wenn sich die Typenbezeichnung als Markenname eingebürgert hat (wie etwa im Falle von Beechcraft, Gulfstream oder Learjet), der eingeführte Markenname dem wechselnden Herstellernamen vorgezogen.

Häufig verwendete Abkürzungen:

kN	Kilonewton
kp	Kilopond
kW	Kilowatt
MG	Maschinengewehr
MK	Maschinenkanone
PS	Pferdestärke
RAF	Royal Air Force
RLM	Reichsluftfahrtministerium
STOL	Short Take-off and Landing
STOVL	Short Take-off and Vertical Landing
USAAC	U. S. Army Air Corps
USAAF	U. S. Army Air Force
USAF	U. S. Air Force
VSTOL	Vertical Short Take-off and Landing
VTOL	Vertical Take-off and Landing
WPS	Wellen-PS

Herausgeber: Rolf Berger
Coverfoto: mauritius images/imagebroker
Gesamtherstellung:
Naumann & Göbel Verlagsgesellschaft mbH, Köln

ISBN 978-3-625-12037-7
www.naumann-goebel.de

Inhalt

Einleitung

In den Mythen und der Sagenwelt aller Kulturen existiert der Traum vom Fliegen. Sicher haben bereits unsere Vorfahren im Dunkel der Geschichte sehnsuchtsvoll auf den Flug der Vögel geschaut, deren Freiheit und Fähigkeit, sich in der dritten Dimension zu bewegen, bewundert und sich gewünscht, mit ebensolcher Leichtigkeit durch die Luft zu schweben. Die eigene Bodenständigkeit vor Augen, war unseren Vorfahren sehr wohl bewusst, dass es sich bei der Fähigkeit zu fliegen um eine ganz besondere Eigenschaft handelt.

Die fliegenden Götter

Es ist also kein Wunder, dass die Menschen ihren Göttern und Helden die Eigenschaft verliehen, sich von der Erde lösen und sich im Luftraum frei bewegen zu können. Etana, der babylonische Kriegsgott, wurde 3000 v. u. Z. in Kunstwerken fliegend dargestellt. In der Götterwelt des alten Ägypten konnten beispielsweise Isis, der Himmelsgott Horus und der Sonnengott Re fliegen. Hermes, der griechische Götterbote, war geflügelt und auch Nike, die Siegesgöttin, konnte fliegen. Die alten Inder ließen Menschen mit Federflügeln über den Transhimalaja in Schiwas Reich blicken. Die Indianer hatten eine Möwe aus Holz, mit der Menschen geflogen sein sollen. Ein chinesisches Herrscherhaus verfügte 5000 v. u. Z. über einen Himmelswagen. Die Kalevala, das finnische Nationalepos, berichtet vom Schmied Ilmarinen, der sich einen eisernen Adler baute, und Wieland, der Schmied des germanischen Sagenkreises, entfloh seiner Gefangenschaft mithilfe eines eigens geschmiedeten eisernen Federkleids. Loki, der listenreiche nordische Gott, holte mithilfe des Federkleids der Göttin Freya den geraubten Hammer des Gottes Thor aus der Burg der Riesen wieder zurück.

Ein Mythos wird Wirklichkeit

Die bildende Kunst von der Renaissance bis zur Gegenwart bediente sich immer wieder des Motivs von Daidalos und Ikaros. Ikaros missachtete die Warnungen seines Vaters und näherte sich zu sehr der Sonne, die das Wachs, in dem die Federn seiner Flügel befestigt waren, zum Schmelzen brachte. Ikaros stürzte ab (siehe Abb. unten). Was einmal als Parabel für die „Bestrafung des Ungehorsams" gedacht war, dient heute übrigens in Darstellungen zur Geschichte des Flugsicherheitsgedankens als Beispiel für die Verknüpfung von Luftfahrt und Flugsicherheit.

Die Welt der Mythen und Sagen verließ der Fluggedanke erst in der Renaissance. Leonardo da Vinci, als Maler, Architekt, Techniker und Naturforscher das Universalgenie schlechthin, begann ernsthafte wissenschaftliche Untersuchungen zu einem möglichen Flug des Menschen. Seine physikalischen Forschungen und seine Untersuchungen des Vogelflugs mündeten in einer Vielzahl von Schwingenflügelentwürfen, Hubschrauberberechnungen und Fallschirmkonstruktionen. Ein praktischer Erfolg blieb ihm trotz aller genialen Denkansätze versagt. Noch fehlte die Erkenntnis, dass die Muskelkraft und das Herz-Kreislauf-System des Menschen einen Schwingenflug für ihn unmöglich machten.

Aber überall in Europa begann die Suche nach Wegen, den Luftraum zu erobern. Der Tübinger Bibliothekar Hermann Flayder veröffentlichte 1627 das erste Buch über die Luftfahrt. Die Zeit für die Verwirklichung des Menschheitstraumes schien gekommen. Noch blieben die Versuche untauglich. Aber immer näher tastete man sich an die Lösung des Problems heran.

Leichter als Luft

Sieger im Wettlauf der Gedanken und Ideen wurden die Brüder Montgolfier. Beide hatten Mathe-

matik und Physik studiert. Die Beobachtung aufsteigender Papierschnitzel in ihrem Kamin wurde zu ihrem „Apfel Newtons" und zum Auslöser, dieses Phänomen weiter zu untersuchen. Sie experimentierten mit heißluftgefüllten Papierbeuteln. Im Sommer 1783 stieg ein solcher Beutel auf eine Höhe von über 1000 Metern. Danach ließen sie Tiere im Ballon aufsteigen.
Am 11. November 1783 war es so weit. Vor einer riesigen Zuschauermenge erhoben sich der Direktor des Pariser Museums Pilâtre de Rozier und der Marquis d'Arlandes mit einem Fesselballon für fünf Minuten in die Luft und landeten danach ohne Komplikationen unter dem stürmischen Beifall der Menge. Das Luftfahrzeug „leichter als Luft" war erfunden. Die Brüder Montgolfier hatten im Verlauf ihrer Experimente erkannt, dass es die erhitzte Luft war, die ihrem Ballon den nötigen Auftrieb verschaffte, und nicht, wie sie zuvor angenommen hatten, ein unbekanntes Gas, das leichter war als Luft. Folgerichtig entwickelten sie einen Feuerrost, der bei Betrieb während der Ballonfahrt die Flugdauer erheblich verlängerte. Nun begann eine wahre Explosion der Entwicklungen. Der Physiker Charles verwendete als Ballonfüllung erstmals Wasserstoff, ein Gas, das leichter ist als die Umgebungsluft und dadurch für Auftrieb sorgt. Kurz nach dem Flug der ersten Montgolfiere flog Charles mit zwei Personen länger als zwei Stunden und legte dabei eine Strecke von 43 Kilometern zurück. Im Jahre 1785 überquerten der Franzose Blanchard und der Amerikaner Jeffries den Ärmelkanal im Ballon. Noch blieb das Problem eines gelenkten Fluges ungelöst. Allerdings hatte der italienische Graf Zambeccari bereits die Erkenntnis gewonnen, dass ein Ballon nur steuerbar sei, wenn er über einen Antrieb verfüge, der den Ballon auch gegen die Windkraft vorwärts bewegen könne. Schnell kam es zum praktischen Einsatz der Ballone. Napoleon ließ damit feindliche Truppenbewegungen aufklären. Versuche, von Ballonen aus Bomben einzusetzen, scheiterten allerdings. Während der Blockade von Paris 1870/1871 durch die deutschen Truppen wurden 67 Ballone als Blockadebrecher eingesetzt, die Post und Verwundete transportierten. Trotzdem wurden die Grenzen des Ballonfahrens bald sichtbar.

Schwerer als Luft

Überschritten wurden sie durch den deutschen Ingenieur und Luftfahrtpionier Otto Lilienthal. Wie Leonardo da Vinci studierten er und sein Bruder am Beispiel von Störchen den Vogelflug. Die Erkenntnisse verarbeitete er in seinem Buch „Der Vogelflug als Grundlage der Fliegekunst". Eine der wichtigsten Einsichten, die er gewann, war, dass am Vogelflügel oben beim Anströmen von Luft ein Sog entstehen muss. Heute wissen wir, dass der Auftrieb eines Flügels sich aus etwa zwei Dritteln Sog an der Oberseite und einem Drittel Druck an der Unterseite zusammensetzt.

Ab 1890 unternahm Lilienthal mit seinen Flugapparaten erste Flugversuche, die bei bescheidenen fünf Metern Flugweite begannen und bei Flughöhen von 20 Metern und Entfernungen von 500 Metern endeten. Gesteuert wurden die Flüge lediglich durch die Gleichgewichtsverlagerungen des kühnen Experimentators.

Am 9. August 1896 stürzte er bei der Erprobung neuer Steuereinrichtungen ab und verstarb einen Tag später im Krankenhaus. Seine theoretischen und praktischen Erkenntnisse hatten entscheidenden Einfluss auf die weitere Entwicklung des Flugwesens.

100 Jahre Motorflug wurden im Jahre 2003 mit einer Replik des ersten Flugzeugs der Gebrüder Wright gefeiert.

In Amerika hatten die Brüder Wilbur und Orville Wright die theoretischen Einsichten und praktischen Erfahrungen Lilienthals studiert. Sie erkannten als Hauptprobleme die Lösung von Stabilitäts- und Steuerungsfragen und die Suche nach einem leistungsfähigen, aber trotzdem leichten Motor. Beide Probleme lösten sie. So hob am 17. Dezember 1903 das erste Flugzeug „schwerer als Luft" mit eigener Kraft vom Boden ab. Der erste Flug dauerte zwölf Sekunden und führte über eine Strecke von 53 Metern. Eine neue Ära begann. Das Flugzeug trat seinen Siegeszug an. Nun ging es Schlag auf Schlag. Rekord reihte sich an Rekord. Immer neue Schöpfungen begabter und erfolgreicher Konstrukteure tauchten auf. Die Namen von Konstrukteuren und Flugzeugführern wie Santos-Dumont, Farman, Grade, Blériot, Etrich, Nieuport, Breguet und vieler anderer wurden bekannt.
1909 überquerte Blériot den Ärmelkanal. Es kam zu einer beachtlichen Steigerung der Flugleistungen. 1913 lag der Streckenrekord bei 2078 Kilometern, die größte erreichte Höhe bei 6120 Metern und die längste erzielte Flugdauer betrug exakt 13 Stunden und 22 Minuten. Mutige Menschen ließen sich als Passagiere transportieren. Die ersten Luftpostdienste wurden eingerichtet. Die Entwicklung der Verkehrsfliegerei begann.

Die große Zeit der Luftschiffe

Verlieren wir jedoch die Luftfahrt „leichter als Luft" nicht ganz aus den Augen. Auch hier hatte sich Bemerkenswertes getan. Endlich war es gelungen, den Ballon zu motorisieren und damit seine Steuerbarkeit zu erreichen. Damit begann die Entwicklung zum Starrluftschiff.
Bekanntester Starrluftschiffbauer wurde Graf Zeppelin. Bis 1914 wurden etwa 2000 Zeppelinfahrten durchgeführt und dabei die beachtliche Zahl von 37 000 Passagieren befördert.
Ihre Leistungsfähigkeit machte die Zeppeline auch für das Militär interessant, konnten sie doch bereits beachtliche Nutzlasten über große Entfernungen transportieren. Ihr Pferdefuß war freilich das Gas, das für ihren Auftrieb sorgte: Es war Wasserstoff – leicht brennbar nicht nur bei Havarien, sondern auch bei feindlichem Beschuss.

Das Luftschiff LZ 129 „Hindenburg“ bot den Mitreisenden hohen Komfort in salonartigen Gesellschafts- und Speiseräumen und auf dem Promenadendeck. Die Füllung mit dem Treibgas Wasserstoff wurde dem LZ 129 bei einem Unglück in Lakehurst 1937 zum Verhängnis; es brannte vollständig aus. Die übrigen deutschen Zeppeline wurden daraufhin nach und nach abgewrackt.

Flugzeuge im 1. Weltkrieg

Der Beginn des 1. Weltkriegs brachte eine große Zäsur in der Entwicklung der Luftfahrt. Die Militärs der großen Staaten verfolgten aufmerksam die Fortschritte des Flugwesens. Die Generalstäbe sahen im Luftschiff und im Flugzeug bedeutsame Kriegsinstrumente, die neben der Fernaufklärung auch zu Bombenangriffen eingesetzt werden sollten. Im August 1914 verfügten die wichtigsten kriegführenden Staaten über folgende Bestände:

	Flugzeuge	Luftschiffe
Deutschland	**232**	**8**
Österreich-Ungarn	**48**	**1**
Frankreich	**165**	**10**
Großbritannien	**63**	**–**
Russland	**263**	**4**

Anfänglich wurden Flugzeuge nur zu Aufklärungszwecken und für Kurieraufgaben eingesetzt. Ab Oktober 1914 begann man mit der Feuerleitung für die Artillerie vom Flugzeug aus. In zweisitzigen Flugzeugen wurden die Beobachter mit leichten Maschinengewehren ausgerüstet, deren Einsatz aber uneffektiv blieb.

Die AEG C.VIII wurde zu Beginn des 1. Weltkriegs als Doppeldecker und als Dreidecker (Abb.) gebaut.

Ein qualitativer Sprung für die Steigerung der Kampffähigkeit war die Erfindung eines Synchronisators, der es ermöglichte, ohne Schaden für den Propeller durch den Luftschraubenkreis zu schießen und damit die Flugzeugbewaffnung parallel zur Flugzeuglängsachse starr einzubauen.

Schnell entwickelte sich die Taktik des Flugzeugeinsatzes. Auch die Flugzeugtechnik hielt mit den gestiegenen Anforderungen Schritt. Die Produktionszahlen für Flugzeuge in den kriegführenden Hauptländern stiegen rapide an.

Die Entwicklung des Luftkriegs hatte aber nicht nur zu einer quantitativen Steigerung, sondern auch zur Spezialisierung innerhalb der Fliegerkräfte geführt.

Wurden die Jagdflieger ursprünglich nur zum Schutz der Aufklärer gegen feindliche Jagdflieger eingesetzt, änderte sich ab 1916 das taktische und operative Denken grundsätzlich. Ziel des Einsatzes wurde es nun, die Handlungen aller gegnerischen Flugzeuggattungen zu unterbinden. Damit begann der Kampf um die Luftüberlegenheit und die Luftherrschaft.

Im Ergebnis des 1. Weltkriegs kann für die Entwicklung der Fliegerkräfte folgendes Fazit gezogen werden:

- Organisation, Technik und Einsatzgrundsätze hatten sich im Verlauf des Krieges durchgreifend verändert und entsprachen den gestiegenen technischen Möglichkeiten der Flugzeuge;
- starke operative Fliegerverbände – zum Teil bereits als selbstständiges Strukturelement der Streitkräfte – waren entstanden;
- Aufklärungs-, Jagdflieger-, Bombenflieger- und Schlachtfliegerkräfte hatten sich entwickelt. Damit war die Grundlage für fast alle modernen Fliegergattungen geschaffen.

Der 2. Weltkrieg

Eine große Anzahl Flugzeugmuster des 1. Weltkriegs blieben bis zum Beginn der 1930er-Jahre im Bestand vieler Luftstreitkräfte. Deutschland war der Bau von Kampfflugzeugen und das Unterhalten einer

Die Supermarine Spitfire war eines der bekanntesten und am meisten gebauten Jagdflugzeuge des 2. Weltkriegs.

Luftwaffe durch den Versailler Vertrag verboten. Ein Innovationsschub setzte erst Mitte der 1930er-Jahre wieder ein. Neue Jagdflugzeuge mit Geschwindigkeiten von 600–700 km/h wurden in die Bewaffnung aufgenommen, mittlere und schwere Bombenflugzeuge entwickelt.
Der 2. Weltkrieg warf seine Schatten voraus. Als er 1939 begann, nahmen die Luftstreitkräfte einen bedeutenden Platz in der Kriegsführung ein. Der Bombenkrieg wurde zu einer strategischen Hauptaufgabe. Deutschland besaß kein strategisches Bomberpotenzial. Die deutsche Luftwaffenführung glaubte, mit schnellen taktischen Schlägen alle Ziele im Sinne eines Blitzkriegs erreichen zu können. In der Luftschlacht um England wurden trotzdem viele englische Städte Opfer des Bombenterrors. Je länger der Krieg dauerte, desto stärker wirkte sich jedoch die materielle Überlegenheit der Alliierten aus. Die deutsche Kriegswirtschaft wurde mehr und mehr lahmgelegt. Aber die Bombenangriffe richteten sich nicht nur gegen die Industrie. Die strategische Luftkriegsführung wurde zum Bombenterror gegen die Zivilbevölkerung. Der Chef des britischen Bomberkommandos, Luftmarschall Harris, schien die Theorie des italienischen Generals Douhet aufgegriffen zu haben, die er in seinem Buch „Luftherrschaft" (bereits 1921 erschienen) aufgestellt hatte. Ihr Kerngedanke war: Verteidigung zu Lande und zur See, Massenangriff aus der Luft. Diese Forderung wurde zum Credo von Harris, der von Churchill dafür grünes Licht erhielt. Während die Amerikaner am Tage angriffen, blieb den Briten die Nacht vorbehalten. Bis Ende 1944 lagen fast alle deutschen Großstädte in Trümmern. Dresden ging erst am 13.02.1945 in Flammen auf. Die Zahl der Toten ist bis heute unbekannt. Nach der Auslöschung Dresdens distanzierte sich Churchill von Harris.

Die zivile Luftfahrt

Die zivile Luftfahrt entstand kurz nach Ende des 1. Weltkriegs. Die durch den Krieg gebundenen Forschungs- und Produktionskapazitäten wurden frei und konnten im zivilen Interesse genutzt werden. Zunächst wurden Militärmaschinen für die zivile Nutzung umgebaut. Bald gab es die ersten Passagierflugzeuge, die neben dem Piloten sechs bis acht Passagieren Platz boten.

Die Junkers Ju 52 ist bis heute eine Legende, sie ist ein einmaliges Symbol für die Verkehrsluftfahrt der 1930er-Jahre.

Exemplarisch sei hier die Junkers F 13 genannt. Ihr Erstflug erfolgte 1919. Sie ist das erste Flugzeug, das ausschließlich als Passagierflugzeug geplant und gebaut wurde. Tiefdecker-Auslegung, freitragendes Tragwerk, Ganzmetallbauweise und eine geschlossene Kabine waren erstmals bei diesem Flugzeug vereinigt, das gewissermaßen als erstes „modernes" Flugzeug den mitreisenden Passagieren auch einen gewissen Komfort bot. Insgesamt gab es mehr als 60 Versionen der F 13. Von 1919 bis 1930 wurden 350 Flugzeuge dieses Musters gebaut. Das Flugzeug flog in vielen europäischen Staaten und wurde nach Nord- und Südamerika, nach Asien und Afrika exportiert.

In allen Luftfahrt ausübenden Ländern entstanden neue Typen von Passagierflugzeugen. Erste Fluglinien wurden betrieben. Mitte der 1920er-Jahre enstanden die ersten bedeutenden Fluggesellschaften; so wurde 1926 die Deutsche Luft Hansa gegründet, aus der unsere heutige Lufthansa hervorging. Ende der 1920er-Jahre erschienen die ersten großen Passagierflugzeuge. Die Junkers G 38 konnte 42 Passagiere befördern und beflog die Strecken nach London, Amsterdam, Kopenhagen, Malmö, Venedig, Rom und Stockholm.

Hinsichtlich ihrer Kapazität waren diese Maschinen, ähnlich wie das riesige Verkehrsflugschiff Do X, dem tatsächlichen Bedarf um Jahre voraus; und so gab es von diesen Fluggeräten auch nur zwei bzw. drei Exemplare. Das Standardflugzeug der 1930er-Jahre war die Ju 52, die in über 5000 Exemplaren gebaut wurde. Die Maschine flog bei 30 Luftverkehrsgesellschaften in 25 Ländern auf allen Kontinenten. Einige Ju 52 befanden sich noch 1979 im Einsatz. Die Deutsche Lufthansa betreibt heute eine Ju 52 als Traditionsmaschine (siehe Abb. Seite 15) und führt damit in den Sommermonaten von unterschiedlichen Flugplätzen Deutschlands Rundflüge durch.

Transatlantikflüge

Für die Entwicklung des Weltluftverkehrs war unbedingt ein Problem zu lösen – die Ozeanüberquerung. Diesem Problem wurde sogar ein reißerischer Spielfilm gewidmet: In „F.P. 1 antwortet nicht" ging es um

Die Lockheed Super Constellation beflog – unter anderem für die Deutsche Lufthansa – von 1956 bis 1966 die Transatlantikstrecken.

den Bau einer schwimmenden Flugzeugplattform mitten im Atlantik, die für Zwischenlandungen zum Auftanken von Flugzeugen auf der Atlantikroute gedacht war. Pure Science-Fiction – aber die Wirklichkeit ließ selbst diese fantastischen Vorstellungen schnell veralten.
Zuerst gelang der Sprung über den Ozean sowohl auf der Nordatlantik- als auch auf der Südatlantikroute. Bereits im Juni 1919 überquerten die britischen Flieger Alcock und Brown den Atlantik von West nach Ost im Nonstopflug. Der erste Alleinflug gelang aber erst, als am 20. Mai 1927 der 25-jährige Charles Lindbergh in New York startete und nach 33 Stunden und 30 Minuten unter dem unbeschreiblichen Jubel einer riesigen Menschenmenge in Paris Le Bourget ausrollte.
Bereits im April des nächsten Jahres überquerten die Deutschen Köhl und von Hünefeld den Ozean in umgekehrter Richtung. Der Anfang war gemacht. Um Transatlantiklinien für den Passagierverkehr tauglich zu machen, ging es nun um die Weiterentwicklung der Navigation und der Bordinstrumentierung, damit das Fliegen unter schlechten meteorologischen Bedingungen nicht zum Vabanquespiel wurde, und die Schaffung der notwendigen Logistik.
Nach dem 2. Weltkrieg entwickelte sich der Weltluftverkehr zügig. Die Erfahrungen aus dem Militärflugzeugbau, besonders der Bomber, kamen der Zivilluftfahrt zugute. Zwischen Amerika und Europa entstand ein planmäßiger Linienverkehr mit leistungsfähigen Maschinen.
Die ersten Flugzeuge mit Strahlturbinen erweiterten die Möglichkeiten der Zivilluftfahrt. Die englische Comet 4B, die russische Tu-104, die amerikanische Boeing 707 und die französische Caravelle eröffneten das Zeitalter der Jetliner.
Im Oktober 2007 wurde die erste Maschine des nun weltgrößten Passagierflugzeugs, der Airbus A380, an Singapore Airlines übergeben.

Perspektiven des Weltluftverkehrs

Im Militärflugzeugbau geht die Tendenz wieder weg vom universal einsetzbaren Mehrzweckflugzeug hin zur Spezialisierung. Der Alleskönner, der seinen Einsatzzweck möglichst bei laufender Mission wechseln sollte, musste Abstriche an seinen Gefechtsmöglichkeiten hinnehmen.

Die North American XB-70 Valkyrie stand in Konkurrenz zu den Atomwaffen tragenden Interkontinental-raketen. Nur zwei Muster wurden gebaut, die nie in Dienst gestellt wurden, sondern für Testflüge verwendet wurden.

Vieles, was technisch machbar ist, wird trotzdem nicht erfolgreich umgesetzt. Manches wiederum erscheint in abgewandelter Form Jahrzehnte später.

Der Überschallflug, in der Militärluftfahrt Standard, ist in der zivilen Luftfahrt ökonomisch und umweltpolitisch gescheitert. Heute haben die russischen Entwickler mit der Tu-444 ein Überschall-Geschäftsreiseflugzeug auf dem Reißbrett, für das bekannte Wirtschaftsinstitute einen Markt von 400 bis 700 Stück sehen.

Raketenflugzeuge spielten bisher in der Luftfahrtgeschichte, mit Ausnahme der Me 163, lediglich als Experimentalflugzeuge eine Rolle. Mit ihnen wurden hinsichtlich Flughöhe und Fluggeschwindigkeit extreme Flugleistungen erreicht. Der Raketenantrieb wird aber auch in Zukunft keine Rolle im Einsatz von Serienmaschinen spielen.

Auch mit atomgetriebenen Flugzeugen wurde experimentiert. Anfang der 1950er-Jahre gab es dazu Projekte in der Sowjetunion, den USA und

Großbritannien. In der Sowjetunion und den USA sollen auch Erprobungen mit Reaktortriebwerken stattgefunden haben. Die Hoffnung, die mit diesen Projekten verbunden war, erfüllte sich nicht. So ist auch nicht zu erwarten, dass die Idee, mit Atomkraft getriebene Fugzeuge zu bauen, in absehbarer Zeit wieder aufgegriffen wird. Nicht nur wirtschaftliche, sondern auch umwelt- und sicherheitspolitische Gründe sprechen dagegen.

Eine Alternative zum Kerosin könnte die Wasserstofftechnologie werden. In den USA und der Sowjetunion wurde damit experimentiert und in Russland werden die Arbeiten an diesem Projekt vermutlich fortgeführt.

Auf absehbare Zeit wird es wahscheinlich kein größeres Passagier-Flugzeug als die A380 geben. Einige empirische Fakten stützen die Aussagen über die mögliche Weiterentwicklung. Flugzeuge, die sich heute in der Flugerprobung befinden und vor ihrer Typenzulassung stehen, werden die nächsten 30 bis 40 Jahre in fliegerischer Nutzung sein. Natürlich erreicht das einzelne Flugzeug dieses Einsatzalter nicht, der Typ aber auf jeden Fall. Im Verlaufe dieser langen Einsatzdauer kommt es immer wieder zur Modernisierung von Ausrüstung und Modifizierung von Triebwerk und Zelle. Und in vielen Fällen werden auch ältere Exemplare eines Typs auf den jeweils modernsten Standard nachgerüstet. Der wachsende Luftverkehr erhöht auch die Risiken, die eine gesteigerte Verkehrsdichte mit sich bringt. Auch wenn das Flugzeug das sicherste Verkehrsmittel ist: Jeder Unfall ist ein Unfall zu viel. Mit der ICAO (International Civil Aviation Organization) hat sich der Weltluftverkehr bereits 1944 eine Organisation geschaffen, der heute einer immer größer werdende Bedeutung zukommt.

Passagier- und Transportflugzeuge von A–Z

E PART OF IT.
SXF
berlin brandenburg airport
BERLINBEARBUS
AIRBUS A319

Passagier- und Transportflugzeuge

In diesem Kapitel werden Flugzeuge zusammengefasst, die dem zivilen Transport von Passagieren, Frachten und Lasten dienen oder speziellen Aufgaben (wie Luftbildfotografie, Patrouillendienst oder Landwirtschaftsflug) angepasst sind und die von Land aus operieren. Nicht alle vorgestellten Typen sind Verkehrsflugzeuge im engeren Sinne: Auch Transportflugzeuge finden sich in diesem Kapitel, wenn sie etwa zu einer bestimmten „Familie" gehören. Auch aus dem umfangreichen Gebiet der Allgemeinen Luftfahrt werden Reise- und Mehrzweckflugzeuge dargestellt, die geeignet erscheinen, das nach Anzahl der Luftfahrzeuge und Flugbewegungen größte Segment der zivilen Luftfahrt zu repräsentieren. Wie so häufig lassen sich Trennungslinien nicht immer scharf ziehen: Es gibt zahlreiche Typen, die sowohl im Liniendienst großer Gesellschaften stehen, als auch privat im Rahmen der Allgemeinen Luftfahrt genutzt werden; so kennt man von manchem Verkehrsflugzeug abgeleitete Fracht- und Transportversionen und man weiß von der militärischen Nutzung ursprünglich ziviler Flugzeuge und umgekehrt.

Adam A500

Zweimotoriges Reiseflugzeug (Erstflug 11.07.2002), Flugeigenschaften durch Motorisierung an Bug und Heck denen einmotoriger Flugzeuge ähnlich. Die Karbon-Tragflächen sind über zwei Leitwerksträger mit Seiten- und Höhenleitwerk verbunden. Für die Struktur verwendet man weitgehend Karbonwerkstoffe.

Typ:	Adam A500
Herkunftsland:	USA
Verwendung:	Reiseflugzeug
Spannweite:	13,41 m
Länge:	11,15 m
Antrieb:	2 Teledyne Continental TSIO-550 E mit je 255 kW (346 PS)
max. Startmasse:	4420 kg
Reisegeschwindigkeit:	427 km/h
Reichweite:	2920 km
Gipfelhöhe:	7620 m
Passagiere:	4 + 2 Piloten

Aerospatiale/BAe Concorde

Vierstrahliges Überschall-Verkehrsflugzeug für Langstrecken in Tiefdecker-Auslegung, das für Flüge mit zweifacher Schallgeschwindigkeit konstruiert wurde (Erstflug des Prototyps 001 am 02.03.1969). Das Flugzeug wurde gemeinsam von der französischen und britischen Luftfahrtindustrie entwickelt und 1976 in den Liniendienst gestellt. Es besteht zu großen Teilen aus Aluminium, ergänzt um eine hitzebeständige Nickellegierung sowie Edelstahl und Titan. Die „Nase" des Flugzeuges kann bei Start und Landung abgesenkt werden. Die Concorde kommt ohne Höhenleitwerk am Heck aus, Ruder und kombinierte Höhen- und Querruder befinden sich an den Abrisskanten der Tragflächen. Die Flugzeit über den Atlantik betrug etwa 3 bis 3,5 Stunden, daraus ergab sich in der Westrichtung der Effekt, dass die Concorde zu einer früheren Uhrzeit landete, als sie in Europa gestartet war. Der wirtschaftliche Erfolg der Concorde blieb jedoch aus. Schon 1979 wurde der Bau nach insgesamt nur 20 Flugzeugen eingestellt. Nach dem Absturz einer Concorde beim Start in Paris (am 25.07.2000) mussten Sicherheitsmängel an Fahrwerk und Treibstofftanks nachgebessert werden. Die Supersonic-Flüge wurden danach noch unwirtschaftlicher.

Der letzte Flug einer Air-France-Concorde fand am 24.06.2003 statt, bei British Airways endete die Concorde-Ära am 24.10.2003.

Typ:	Concorde
Herkunftsland:	Frankreich, Großbritannien
Verwendung:	Überschall-Passagierflugzeug
Spannweite:	25,56 m
Länge:	62,74 m
Antrieb:	4 Rolls-Royce Olympus 593-Mk-610 Turbojets mit Nachbr. je 189,4 kN (19 312 kp) Schub
max. Startmasse:	185 000 kg
Reisegeschwindigkeit:	max. 2190 km/h
Reichweite:	6667 km
Gipfelhöhe:	19 000 m
Passagiere:	100–125

Aerospatiale ATR 42-300

Typ:	Aerospatiale ATR 42-300
Herkunftsland:	Frankreich, Italien
Verwendung:	Regionalverkehrsflugzeug
Spannweite:	24,57 m
Länge:	22,67 m
Antrieb:	2 Pratt & Whitney Canada PW120 mit je 1340 kW (1822 PS)
max. Startmasse:	16 900 kg
Reisegeschwindigkeit:	470 km/h
Reichweite:	1150 km
Gipfelhöhe:	8800 m
Passagiere:	46–50

Zweimotoriges Verkehrsflugzeug (Erstflug 16.08.1984) in Hochdecker-Auslegung mit Turboprop-Antrieb. Das Flugzeug wird als Regionalflugzeug, als Frachtmaschine oder für kurze Direktverbindungen eingesetzt. Trotz des Geschwindigkeitsnachteils der Propellermaschine gegenüber Regionaljets haben sich wegen der Wirtschaftlichkeit über 100 Fluggesellschaften für Flugzeuge der Marke ATR entschie-

Aerospatiale ATR 42-500

den. Ein weiterer Vorteil der Turboprops ist die relativ kurze Start- und Landestrecke.

Die Version ATR 42-500 (Bild unten) zeichnet sich durch höhere Geschwindigkeit, längere Reichweite und vergrößerte Zuladung aus (Erstflug am 16.09.1994).

Typ:	Aerospatiale ATR 42-500
Herkunftsland:	Frankreich, Italien
Verwendung:	Regionalverkehrsflugzeug
Spannweite:	24,57 m
Länge:	22,67 m
Antrieb:	2 Pratt & Whitney Canada PW127 mit je 1610 kW (2190 PS)
max. Startmasse:	18 600 kg
Reisegeschwindigkeit:	550 km/h
Reichweite:	1550 km
Gipfelhöhe:	8800 m
Passagiere:	46–50

Airbus A300

Zweistrahliges Großraumflugzeug für Mittel- und Langstrecken (Erstflug des Typs A300 B1 1972). Airbus Industrie gab damit dem Markt für Großraumflugzeuge, der um 1970 von Boeing beherrscht wurde, neue Impulse. Die Entwurfsarbeiten begannen bereits 1965 als britisch-französisches Gemeinschaftsprojekt, dem die Bundesrepublik Deutschland mit dem Abkommen vom 26.09.1967 beitrat. Seit 1984 wurden dann nur noch die modernisierten Modelle A300-600 und A300-600R (mit verlängerter Reichweite) gebaut. Außerdem gibt es auch eine Frachtversion A300-600F.

Typ:	Airbus A300-600R
Herkunftsland:	EU
Verwendung:	Passagierflugzeug
Spannweite:	44,48 m
Länge:	54,08 m
Antrieb:	2 Turbofans je 249 kN bis 273,6 kN (25 390 kp bis 27 900 kp)
max. Startmasse:	165 000 kg mit PW4156-Triebwerken
Reisegeschwindigkeit:	865 km/h
Reichweite:	7686 km
Gipfelhöhe:	12 200 m
Passagiere:	247–375

Airbus A340

Vierstrahliges Passagierflugzeug für Langstrecken (Erstflug A340-300 am 25.10. 1991). Gegenüber der A330 wurden vor allem die Tragflächen im Bereich der äußeren Triebwerke verstärkt. Die Versionen A340-200 (Langstrecken, Erstflug 01.04.1992) und A340-300 weisen unterschiedliche Rumpflängen auf. Die A340-500 (Erstflug am 11.01.2002) und A340-600 (Erstflug 23.03.2001) haben einen nochmals verlängerten Rumpf und eine größere Spannweite und können bis zu 440 Passagiere befördern.

Typ:	Airbus A340-200
Herkunftsland:	EU
Verwendung:	Passagierflugzeug
Spannweite:	60,30 m
Länge:	59,39 m
Antrieb:	4 Turbofans CFM56-5C4 je 140 kN (14 275 kp) Schub
max. Startmasse:	257 000 kg
Reisegeschwindigkeit:	880 km/h
Reichweite:	14 800 km
Gipfelhöhe:	12 500 m
Passagiere:	239–375

Airbus A380

Typ:	Airbus A380-800
Herkunftsland:	EU
Verwendung:	Passagierflugzeug
Spannweite:	79,80 m
Länge:	73,00 m
Antrieb:	4 Rolls-Royce Trent 900 oder Engine Alliance GP7000 mit je 298 kN (30 386 kp) Schub
max. Startmasse:	560 000 kg
Reisegeschwindigkeit:	900 km/h
Reichweite:	15 000 km
Gipfelhöhe:	12 500 m
Passagiere:	555–850

Vierstrahliges Großraum-Passagierflugzeug für Langstrecken (Erstflug 27. 04. 2005, Indienststellung im Oktober 2007). Mit dem A380 werden die Dimensionen der Boeing 747 deutlich übertroffen. Bis zu 850 Passagiere finden im A380 mit seiner durchgängig doppelstöckigen Zelle Platz. Das Cockpit befindet sich zwischen den beiden Ebenen und wird über eine Treppe aus dem unteren Deck erreicht. Eine höhere Anordnung würde die Sicht erschweren. Beim Fahren auf den Taxiways hilft den Piloten eine Kamera. Der Einsatz von Kunst- und Karbonfaserstoffen und die Anwendung von Sandwichkonstruktionen für die Struktur reduzierten das Gewicht des A380, so dass die Betriebskosten 15 Prozent unter den für diese Klasse üblichen Werten liegen.

Airbus A300-600ST Beluga

Zweistrahliges Transportflugzeug in Tiefdecker-Auslegung für großvolumige Lasten. Mit der Beluga ist es möglich, verschiedene Airbus-Großteile zwischen den einzelnen Fertigungsstandorten der Airbus Industrie zu transportieren. Der Laderaum besitzt über 1400 m^3 Nutzraumvolumen. Als die Spezialversionen der Boeing B-377 (Super Guppy) dafür nicht mehr ausreichten, entwickelte man einen eigenen Spezialtransporter auf der Basis des A300-600. Der Beiname Beluga spielt auf die Ähnlichkeit der Rumpfform mit einem Belugawal an. Fünf Exemplare des Typs Airbus A300-600ST wurden produziert, sie fliegen überwiegend für Airbus Industrie.

Typ:	Airbus A300-600ST Beluga
Herkunftsland:	EU
Verwendung:	Transportflugzeug
Spannweite:	44,84 m
Länge:	54,16 m
Antrieb:	2 Turbofans General Electric CF6-80C2A1 je 262,4 kN (26 756 kp) Schub
max. Startmasse:	155 000 kg
Reisegeschwindigkeit:	750 km/h
Reichweite:	1700 km
Gipfelhöhe:	10 760 m
Zuladung:	47 000 kg

Airspeed AS 57 Ambassador

Typ:	Airspeed AS 57 Ambassador
Herkunftsland:	Großbritannien
Verwendung:	Passagierflugzeug
Spannweite:	35,05 m
Länge:	25,05 m
Antrieb:	2 Bristol Centaurus 661 18-Zylinder-Sternmotoren mit je 1929 kW (2625 PS)
max. Startmasse:	23 800 kg
Reisegeschwindigkeit:	415 km/h
Reichweite:	2200 km
Gipfelhöhe:	7600 m
Passagiere:	47–60

Zweimotoriges britisches Mittelstrecken-Verkehrsflugzeug (Erstflug Mai 1950). Auf Kurzstrecken zeichnete sich der Typ durch niedrige Betriebskosten aus. Die Maschinen waren außerdem auch sehr wartungsfreundlich. Gute Kurzstarteigenschaften und die überdurchschnittlichen Flugleistungen mit einem Triebwerk machten sie zu einem der sichersten und beliebtesten Flugzeuge ihrer Zeit.

Antonow An-8

Zweimotoriges Frachtflugzeug in Hochdecker-Auslegung (Erstflug 11.02.1956). Die Entwicklung begann unter militärischen Aspekten (Flugzeug für Luftlandeoperationen). Die Maschine verfügte über ein Schwerlastfahrwerk und eine absenkbare Heckklappe. Ende November 1956 begann die Serienfertigung. Bis 1970 stand sie im aktiven Truppendienst. Danach flog sie über 25 Jahre als ziviles Transportflugzeug.

Typ:	Antonow An-8
Herkunftsland:	Sowjetunion
Verwendung:	Transportflugzeug
Spannweite:	37,00 m
Länge:	30,70 m
Antrieb:	2 Iwtschenko AI-20D je 3082 kW (4190 PS)
max. Startmasse:	43 400 kg
Reisegeschwindigkeit:	450 km/h
Reichweite:	1000–3900 km
Gipfelhöhe:	9600 m
Passagiere:	70 + 6 Besatzung

Antonow An-12

Typ:	Antonow An-12BP
Herkunftsland:	Sowjetunion
Verwendung:	Transportflugzeug
Spannweite:	38,00 m
Länge:	33,10 m
Antrieb:	4 Iwtschenko AI-20M Propellerturbinen mit je 3126 kW (4250 PS)
max. Startmasse:	ca. 61 000 kg
Reisegeschwindigkeit:	670 km/h
Reichweite:	3600 km
Gipfelhöhe:	10 200 m
Passagiere:	132 (oder 22 t Nutzlast) + 5 Besatzung

Viermotoriges sowjetisches Transportflugzeug, das ursprünglich aus der Passagiermaschine An-10 für militärische Transporte entwickelt worden war (Erstflug am 16.12.1956). Im Heck war keine feste Fahrzeugrampe eingebaut, die militärische Version trug als Heckbewaffnung zwei 23-mm-Kanonen. Über 200 der insgesamt 1250 gebauten Exemplare wurden zivil genutzt, zahlreiche Maschinen wurden exportiert.

Antonow An-124 Ruslan

Typ:	Antonow An-124
Herkunftsland:	Sowjetunion
Verwendung:	Transportflugzeug
Spannweite:	73,30 m
Länge:	69,10 m
Antrieb:	4 Lotarew D-18T Turbofans je 229,5 kN (23 350 kp) Schub
max. Startmasse:	392 000 kg (zivil)
Reisegeschwindigkeit:	800–850 km/h
Reichweite:	4800 km bei 120 t Nutzlast
Gipfelhöhe:	11 600 m
Passagiere:	88 + 6 Besatzung (max. 150 t)

Das vierstrahlige Transportflugzeug wurde als Militärtransporter entwickelt. Bei seinem Erstflug am 26.12.1982 war es das größte Flugzeug der Welt. Die Antonow An-124 kann auf unvorbereiteten Pisten operieren. Die Beladung erfolgt über den hochklappbaren Rumpfbug oder über die Heckrampe. Seit den 1990er-Jahren fliegen einige An-124 Ruslan auch für zivile Unternehmen.

Antonow An-225 Mrija

Typ:	Antonow An-225
Herkunftsland:	Sowjetunion/Ukraine
Verwendung:	Transportflugzeug
Spannweite:	88,40 m
Spannw. Heckleitwerk:	32,65 m
Länge:	84,00 m
Antrieb:	6 Lotarew D-18T je 229,5 kN (23 409 kp) Schub
max. Startmasse:	600 000 kg
Höchstgeschwindigkeit:	850 km/h
Reichweite:	max. 15 400 km
Gipfelhöhe:	11 000 m
Besatzung:	7 (max. 250 t Nutzlast)

Sechsstrahliges Transportflugzeug, freitragender Schulterdecker; Weiterentwicklung der An-124 Ruslan. Es sollte die Raumfähre Buran auf dem Rücken transportieren. Dafür wurden Rumpf und Tragflächen um jeweils rund 15 Meter verlängert. Die Tragflächen erhielten eine neue Mittelsektion, auf jeder Seite wurde ein zusätzliches Triebwerk angebracht und ein Doppelleitwerk gebaut. Sie ist und bleibt auch auf absehbare Zeit das größte Flugzeug der Welt.

Antonow An-140

Zweimotoriges Kurzstrecken-Passagierflugzeug (Erstflug am 17.09.1997) mit APU und einer klimatisierten Druckkabine. Es zeigt gute Leistungen bei hochgelegenen Flughäfen (über 1700 m) oder in heißem Klima (45 °C). Die Maschine kann auf unbefestigten Pisten operieren. Sie soll die An-24 und deren Varianten ersetzen.

Typ:	Antonow An-140
Herkunftsland:	Ukraine
Verwendung:	Passagierflugzeug
Spannweite:	25,50 m
Länge:	22,60 m
Antrieb:	2 Klimow TW3-117WMA-SBM1 je 1838 kW (2500 PS) oder auch andere
max. Startmasse:	21 500 kg
Reisegeschwindigkeit:	575 km/h
Reichweite:	1380–3050 km
Gipfelhöhe:	7200 m
Passagiere:	52

Aviation Traders Limited ATL-98

Viermotoriges britisches Frachtflugzeug in Tiefdecker-Auslegung, das auf der Basis der Douglas DC-4 entwickelt und gebaut wurde (Erstflug 21.06.1961). Beim Umbau der DC-4 wurde das Cockpit nach oben (in einen Buckel über der Ladefläche) verlegt, der Rumpf verlängert und das Seitenleitwerk erhöht. Insgesamt wurden zwischen 1961 und 1969 21 DC-4 umgebaut.

Typ:	Aviation Traders Limited ATL-98
Herkunftsland:	Großbritannien
Verwendung:	Transportflugzeug
Spannweite:	35,81 m
Länge:	31,27 m
Antrieb:	4 PW R-2000-7M2 Twin Wasp je 1081 kW (1470 PS)
max. Startmasse:	33 475 kg
Höchstgeschwindigkeit:	402 km/h
Reichweite:	3700 km
Gipfelhöhe:	5700 m
Besatzung:	4
Zuladung:	8035 kg

Avro 536

Einmotoriges Mehrzweck-Flugzeug in einer Doppeldecker-Auslegung, konzipiert und gebaut für den Kurzstreckenbetrieb mit „Vergnügungsflügen" (Erstflug des Prototyps April 1919). Die Maschine entstand auf der Basis des militärischen Typs Avro 504 mit verlängerten Tragflächen und stärkerem Motor. Die Passagiere saßen in zwei Doppelsitzen hinter dem Piloten.

Typ:	Avro 536
Herkunftsland:	Großbritannien
Verwendung:	Passagierflugzeug
Spannweite:	11,20 m
Länge:	9,07 m
Antrieb:	1 Bentley B.R.1-Motor mit einer Leistung von 111,8 kW (152 PS)
max. Startmasse:	1010 kg
Höchstgeschwindigkeit:	145 km/h
Reichweite:	ca. 300 km
Gipfelhöhe:	3660 m
Passagiere:	4 + 1 Pilot

Avro RJ85

Typ:	Avro 146-RJ85
Herkunftsland:	Großbritannien
Verwendung:	Passagierflugzeug
Spannweite:	26,21m
Länge:	28,60 m
Antrieb:	4 Textron Lycoming je 31,1 kN (3160 kp) Schub
max. Startmasse:	44 000 kg
Reisegeschwindigkeit:	763 km/h
Reichweite:	max. 2965 km
Passagiere:	85–100

Vierstrahliges Kurzstrecken-Passagierflugzeug (Erstflug August 1982), bis 1992 unter der Bezeichnung BAe 146-200. Die British-Aerospace-Tochter Avro International Aerospace produzierte den 1992 überarbeiteten Jet nun als Avro RJ (für RegioJet) weiter. Im Vergleich zum RJ70 wurde der Rumpf um 2,40 m verlängert. 87 Maschinen dieses Typs wurden gefertigt.

Beechcraft 2000 Starship

Zweimotoriges Reiseflugzeug in Kompositbauweise mit futuristisch anmutendem Design (Erstflug 15.02.1986). Das Starship gehört zu den bekanntesten Beispielen für „Entenflugzeuge" – sogenannt wegen der nach hinten gezogenen Tragflächen und der Canards. Der Antrieb erfolgt mittels Druckpropeller. Die Tragflächen sind um 24° zurückgepfeilt; die Canards lassen sich um 4° nach vorn und um 30° nach hinten bewegen. 53 Einheiten wurden gebaut.

Typ:	Beechcraft 2000 Starship
Herkunftsland:	USA
Verwendung:	Reiseflugzeug
Spannweite:	16,60 m (Canards 7,58 m)
Länge:	14,05 m
Antrieb:	2 Pratt & Whitney Canada PT6A-67A je 895 kW (1217 PS)
max. Startmasse:	6531 kg
Höchstgeschwindigkeit:	621 km/h
Reichweite:	4000 km
Gipfelhöhe:	12 500 m
Passagiere:	10

Beechcraft 200 Super King Air

Typ:	B200 King Air
Herkunftsland:	USA
Verwendung:	Geschäfts- und Reiseflugzeug
Spannweite:	16,61 m
Länge:	13,36 m
Antrieb:	2 Pratt & Whitney Canada PT6A-42 m je 634 kW (862 PS)
max. Startmasse:	5693 kg
Reisegeschwindigkeit:	520 km/h
Reichweite:	max. 3200 km
Gipfelhöhe:	10 000 m
Passagiere:	7–9

Geschäfts- und Reiseflugzeug mit Turboprop-Antrieb (Erstflug 27.10. 1972), nach Übernahme der Beechcraft durch Raytheon „King Air B200" genannt. Es verfügt über eine Druckkabine und Konferenzbestuhlung und kommt schon mit kurzen Landebahnen (ab 600 m) aus. Die Maschine wird seit über 30 Jahren gebaut, ständig verbessert und – wegen ihrer Zuverlässigkeit und Wirtschaftlichkeit – erfolgreich verkauft.

Boeing 377 Stratocruiser

Viermotoriges Passagierflugzeug. Die Konstruktion verband Tragflächen, Leitwerk und Motoren des Bombenflugzeugs B-29 mit einem neu konstruierten geräumigen Rumpf mit zwei Decks. Die B-377 – 1947 bis 1950 gebaut – stellte erstmals die Nonstop-Verbindung von New York nach London her. Einige Maschinen dieses Typs wurden später zum sogenannten Guppy umgebaut.

Typ:	Boeing 377
Herkunftsland:	USA
Verwendung:	Passagierflugzeug
Spannweite:	43,05 m
Länge:	33,63 m
Antrieb:	4 Pratt & Whitney R-4360B-Wasp-Major 28 Sternmotoren je 2610 kW (3500 PS)
max. Startmasse:	66 134 kg
Reisegeschwindigkeit:	547 km/h
Reichweite:	6750 km
Gipfelhöhe:	9750 m
Passagiere:	55–112

Boeing 707

Typ:	Boeing 707-120
Herkunftsland:	USA
Verwendung:	Passagierflugzeug
Spannweite:	39,87 m
Länge:	44,04 m
Antrieb:	4 Pratt & Whitney PW JT3C-6 je 62,3 kN (6322 kp) Schub
max. Startmasse:	116 575 kg
Reisegeschwindigkeit:	896 km/h
Reichweite:	6800 km
Gipfelhöhe:	12 800 m
Passagiere:	181

Vierstrahliges Verkehrsflugzeug für Langstrecken, freitragender Tiefdecker mit konventionellem Leitwerk (Erstflug 20.12.1957). Im Oktober 1958 nahm die PanAm den Liniendienst auf der Strecke New York–Paris mit der 707 auf. Im Laufe der Produktionszeit bis 1992 wurden 1012 Maschinen unterschiedlicher Versionen gefertigt. Der grundlegende Typ war die 707-120. Die Baureihen 707-320 und -420 hatten größere Flügel und Reichweiten.

Boeing 727

Typ:	Boeing 727-100
Herkunftsland:	USA
Verwendung:	Passagierflugzeug
Spannweite:	32,92 m
Länge:	40,59 m
Antrieb:	3 Pratt & Whitney JT8D-1 zu je 62,3 kN (6322 kp) Schub
max. Startmasse:	68 946 kg
Reisegeschwindigkeit:	926 km/h
Reichweite:	3050 km
Gipfelhöhe:	11 400 m
Passagiere:	131

Dreistrahliges Verkehrsflugzeug für Kurz- und Mittelstrecken, freitragender Tiefdecker mit T-Leitwerk (Erstflug am 06.02.1963). Die Triebwerksanordnung am Heck ermöglichte einen „sauberen“ Flügel mit diversen Auftriebshilfen. Während der Produktionszeit (bis 1984) wurde der Typ beständig weiterentwickelt. Zuletzt wurde 1981 die Version als Frachtflugzeug 727-200F vorgestellt.

Boeing 737

Zweistrahliges Verkehrsflugzeug für Kurz- und Mittelstrecken (Erstflug 09.04.1967). Seit 1964 entwickelt, wurden bisher 4000 Flugzeuge aller Versionen und Generationen dieses Typs verkauft. Seit 1993 fliegen die Versionen der „Next Generation". Die 737-600 erschien 1998 als kleinste Version dieser modernisierten Baureihe; mit einem höheren Fahrwerk, geänderter Tragflächengeometrie und Glascockpit. Die Boeing 737-700C (Convertible) kann in weniger als einer Stunde vom Passagier- zum Frachtflugzeug umgerüstet werden.

Typ:	Boeing 737-600
Herkunftsland:	USA
Verwendung:	Passagierflugzeug
Spannweite:	43,05 m
Länge:	33,63 m
Antrieb:	2 CFMI CFM56-7 Turbofans mit je 101 kN (10 300 kp) Schub
max. Startmasse:	66 000 kg
Reisegeschwindigkeit:	850 km/h
Reichweite:	5648 km
Gipfelhöhe:	11 000 m
Passagiere:	110

Boeing 747

Vierstrahliges Großraumpassagierflugzeug für Langstrecken in Tiefdecker-Auslegung mit konventionellem Leitwerk (Erstflug 09.02.1969). Die Luftfahrtgeschichte verdankt diesen Jet der Tatsache, dass Boeing im Wettbewerb um einen militärischen Großtransporter der Lockheed C-5 Galaxy unterlag. Weltweit bekannt und wiedererkennbar machte die 747 ihr „Buckel“, der ihr den Kosenamen „Jumbojet“ eintrug. Der Buckel beherbergt, über dem unteren Fluggastdeck, das Cockpit. Der ans Cockpit anschließende Ruheraum wurde im Laufe der Entwicklung zu einem zweiten Fluggastdeck (mit Sitzplätzen der First- oder Business-Class) ausgebaut. Vom Zeitpunkt des Erstflugs bis zur Vorstellung des Airbus A380 war die Boeing 747 das größte Passagierflugzeug der Welt.

Typ:	Boeing 747-400ER
Herkunftsland:	USA
Verwendung:	Passagierflugzeug
Spannweite:	64,40 m
Länge:	70,70 m
Antrieb:	4 GE CF6-80 je 274 kN (27 940 kp) Schub
max. Startmasse:	412 800 kg
Reisegeschwindigkeit:	920 km/h
Reichweite:	14 200 km
Reiseflughöhe:	12 800 m
Passagiere:	366–524

Boeing BBJ

Zweistrahliges Reiseflugzeug für Langstrecken und Geschäftsreisende mit gehobenen Ansprüchen. Auf der Basis des Typs Boeing 737 entstand das Flugzeug in Kooperation zwischen Boeing und General Electric (Erstflug 04.11.1996). Beim Boeing Business Jet griff man auf den Rumpf der 737-700 zurück und nutzte die größeren Tragflächen, die Flügelmittelsektion und das Fahrwerk der 737-800. Durch den Einbau von bis zu neun Zusatztanks entstand ein Langstreckenflugzeug mit mehr als 11 000 km maximaler Reichweite. Nach dem Modell BBJ und dem BBJ 2 (komplett auf der 737-800 basierend) wurde als drittes Modell der BBJ 3 (auf der Grundlage der 737-900) angekündigt; es soll noch einmal bis zu 11% mehr Kabinenraum haben als das Modell BBJ 2. Für alle drei Modelle sind unterschiedliche Ausstattungsvarianten vorgesehen.

Typ:	Boeing BBJ
Herkunftsland:	USA
Verwendung:	Firmenflugzeug
Spannweite:	35,80 m
Länge:	33,63 m
Antrieb:	2 CFM56-7B27 Turbofans je 122 kN 12 440 kp) Standschub
max. Startmasse:	77 564 kg
Reisegeschwindigkeit:	850 km/h
Reichweite:	11 270 km
Reiseflughöhe:	12 500 m
Passagiere:	8, 25 oder bis zu 50

Boeing 787

Projekt eines zweistrahligen Großraumflugzeugs (offizieller Programmstart 26.04.2004). Die Boeing 787 (zuvor als Boeing 7E7 bezeichnet) bekam frühzeitig den werbewirksamen Beinamen Dreamliner. Bislang sind drei Versionen geplant: die Mittelstreckenversion 787-3 und die Langstreckenversionen 787-8 und 787-9 mit vergrößerter Spannweite. Außerdem wird an einer Frachtversion gearbeitet. Das Flugzeug, für das es bereits vor dem Erstflug viele Bestellungen gibt, soll zur Hälfte aus modernen Verbundwerkstoffen bestehen.

Typ:	Boeing 787
Herkunftsland:	USA
Verwendung:	Passagierflugzeug (in Entwicklung)
Spannweite:	60 m
Länge:	56 m
max. Startmasse:	218 000 kg
Reichweite:	15 700 km
Passagiere:	223

Bombardier Global Express XRS

Typ:	Bombardier Global Express XRS
Herkunftsland:	Kanada
Verwendung:	Reiseflugzeug
Spannweite:	28,60 m
Länge:	30,30 m
Antrieb:	2 Rolls-Royce BR710A2-20 Turbofans je 65,6 kN (6690 kp) Schub
max. Startmasse:	44 450 kg
Reisegeschwindigkeit:	904 km/h
Reichweite:	11 389 km
Gipfelhöhe:	15 545 m
Passagiere:	8–19

Zweistrahliges Reiseflugzeug in Tiefdecker-Auslegung mit T-Leitwerk (2006). Die Maschine ist eine Weiterführung des Global-Konzepts, das mit der Global 5000 begonnen wurde; entwickelt für besonders lange Strecken. Der Jet zielt auf Firmen- und Privatkunden ab.

Canadair (Bombardier) CRJ 200

Zweistrahliges Regionalverkehrsflugzeug in Tiefdecker-Auslegung (Erstflug 10.05. 1991). Die Canadair Regional Jets wurden aus dem Reiseflugzeug Challenger abgeleitet, sie weisen einen längeren Rumpf und ein vergrößertes Tragwerk auf. Von der CRJ 200 gibt es die Versionen 200 ER sowie eine Langstreckenversion 200 LR.

Typ:	Bombardier CRJ 200 LR
Herkunftsland:	Kanada
Verwendung:	Regionalverkehrsflugzeug
Spannweite:	21,21 m
Länge:	26,77 m
Antrieb:	2 General Electric CF34-3B1 mit je 41 kN (4180 kp) Schub
max. Startmasse:	24 000 kg
Reisegeschwindigkeit:	850 km/h
Reichweite:	3547 km
Gipfelhöhe:	12 500 m
Passagiere:	50

Cessna 336/337 Skymaster

Typ:	Cessna 337
Herkunftsland:	USA
Verwendung:	Passagier- und Transportflugzeug
Spannweite:	11,63 m
Länge:	9,07 m
Antrieb:	2 Continental IO-360-GB mit je 157 kW (213 PS)
max. Startmasse:	2100 kg
Höchstgeschwindigkeit:	420 km/h
Reichweite:	2380 km
Gipfelhöhe:	5485 m
Passagiere:	4 + 2 Besatzung

Zweimotoriges Passagier- und Transportflugzeug, abgestrebter Hochdecker mit Doppelleitwerk (Erstflug November 1962). Am Bug der Rumpfgondel wirkt ein Motor mit Zugpropeller, am Heck ein Motor mit Druckpropeller. Der zentrale Propellerschub macht die Flugeigenschaften denen eines Einmotorers vergleichbar. Die Super Skymaster von 1965 erhielt neben anderen Verbesserungen ein Einziehfahrwerk.

Cessna 500 Citation

Zweistrahliges Reiseflugzeug in Tiefdecker-Auslegung (Erstflug am 15.09.1969). Die Cessna 500 war eines der ersten strahlgetriebenen leichten Reiseflugzeuge und eröffnete eine neue Ära im Firmen- und Geschäftsreiseverkehr. Mit ihr wurde auch die Citation-Familie begründet, die heute zur umfangreichsten Familie von Business-Jets geworden ist. Insgesamt wurden und werden 16 verschiedene Versionen gebaut.

Typ:	Cessna 500 Citation
Herkunftsland:	USA
Verwendung:	Geschäftsreiseflugzeug
Spannweite:	13,32 m
Länge:	13,26 m
Antrieb:	2 Pratt & Whitney JT15D-1 Turbofans je 9,79 kN (1016 kp)
max. Startmasse:	4920 kg
Reisegeschwindigkeit:	644 km/h
Reichweite:	max. 2460 km
Gipfelhöhe:	11 700 m
Passagiere:	5–7 + 2 Besatzung

Cessna 750 Citation X

Typ:	Cessna 750 Citation X
Herkunftsland:	USA
Verwendung:	Geschäftsreiseflugzeug
Spannweite:	19,38 m
Länge:	22,05 m
Antrieb:	2 Rolls-Royce AE 3007C1 Turbofans mit je 30,1 kN (3069 kp) Schub
max. Startmasse:	16 140 kg
Höchstgeschwindigkeit:	977 km/h
Reichweite:	6278 km
Gipfelhöhe:	15 545 m
Passagiere:	12 + 2 Piloten

Zweistrahliges Reiseflugzeug für Langstrecken, das als der schnellste verfügbare Business-Jet gilt. Knapp unterhalb der Schallgeschwindigkeit fliegt die Citation X mit Mach 0,92. Sie steigt direkt auf 13 000 m und ist für 15 500 m zugelassen. Ihre Reichweite beträgt mehr als 6000 km.

Convair CV 990 Coronado

Vierstrahliges Passagierflugzeug in Tiefdecker-Auslegung mit konventionellem Leitwerk (Erstflug 24.01.1961). Die CV 990 ist eine Weiterentwicklung der CV 880 mit verlängertem Rumpf. Die CV 880/990 galt mit ca. 990 km/h Höchstgeschwindigkeit vor dem Einsatz der Concorde als schnellster Passagierjet, aber auch als lautester und schmutzigster. Kommerziell war das Projekt 880/990 ein Misserfolg für Convair. Nicht einmal die nur 37 gebauten Maschinen konnten alle verkauft werden. Der Kosename Coronado wurde ursprünglich von der Schweizer Gesellschaft Swissair für die 990A in ihrer Flotte erfunden und nach und nach auf alle Flugzeuge vom Typ 990 übertragen. Zahlreiche Maschinen dieses Typs waren bei Chartergesellschaften (zum Beispiel in Spanien) noch längere Zeit als „Ferienflieger" im Einsatz.

Typ:	Convair CV 990 Coronado
Herkunftsland:	USA
Verwendung:	Passagierflugzeug
Spannweite:	26,58 m
Länge:	42,49 m
Antrieb:	4 General Electric CJ-805-23B Turbofans je 71,1 kN (7240 kp) Schub
max. Startmasse:	115 750 kg
Reisegeschwindigkeit:	917 km/h
Reichweite:	8900 km
Gipfelhöhe:	12 500 m
Passagiere:	90–149

Curtiss-Wright T-32 Condor

Zweimotoriges Doppeldecker-Passagierflugzeug (1930–34). Anfangs als schwerer Bomber und Truppentransporter entworfen, fand es als Zivilflugzeug Verbreitung. Es besaß eine schalldichte Kabine und wurde als „Schlafwagen-Flugzeug" für zwölf Personen zwischen New York und Miami eingesetzt. Das Fahrwerk ließ sich auch gegen Schwimmer oder Schneekufen austauschen. Das Flugzeug flog auch für eine Antarktisexpedition und als Postflugzeug.

Typ:	Curtiss-Wright T-32 Condor
Herkunftsland:	USA
Verwendung:	Transport- und Passagierflugzeug
Spannweite:	24,99 m
Länge:	14,81 m
Antrieb:	2 Wright Cyclone SR-1820-F 3 je 530 kW (720 PS)
max. Startmasse:	7938 kg
Höchstgeschwindigkeit:	306 km/h
Reichweite:	1150 km
Gipfelhöhe:	7000 m
Passagiere:	15

Dassault Falcon 900

Dreistrahliges Reiseflugzeug für Langstrecken (Erstflug 21.09.1984). Die Falcon 900 wird in verschiedenen Versionen angeboten, Version 900C hat im Jahr 2000 die fast zehn Jahre lang produzierte Version 900B abgelöst. Haupteinsatzgebiete sind Geschäfts- und Erlebnisreisen, Kreuzfahrt-Austauschflüge und Frachttransporte. Die Maschine wird häufig von Chartergesellschaften genutzt.

Typ:	Dassault Falcon 900C
Herkunftsland:	Frankreich
Verwendung:	Reise- und Frachtflugzeug
Spannweite:	19,30 m
Länge:	20,20 m
Antrieb:	3 Allied Signal TFE 731 5AR je 19,6 kN (2000 kp) Schub
max. Startmasse:	20 640 kg
Reisegeschwindigkeit:	830 km/h
Reichweite:	7000 km
Gipfelhöhe:	15 500 m
Passagiere:	19 + 2 Besatzung

De Havilland DH.89 Dragon Rapide

Zweimotoriges Passagierflugzeug in Doppeldecker-Auslegung (Erstflug 17.04.1934). Nach dem Erfolg der DH.84 Dragon entwarf man bei De Havilland die verkleinerte Version der DH.86. In Kanada wurden einige Exemplare mit Schwimmern und Schneekufen ausgerüstet. Im 2. Weltkrieg wurden Maschinen dieses Typs für die Ausbildung, zur Küstenüberwachung und als Aufklärer eingesetzt. Die Produktion lief 1946 aus. Einige Maschinen flogen bis in die 60er-Jahre.

Typ:	De Havilland DH.89 Dragon Rapide
Herkunftsland:	Großbritannien
Verwendung:	Passagierflugzeug
Spannweite:	14,63 m
Länge:	10,51 m
Antrieb:	2 De Havilland Gipsy Six mit je 149 kW (202 PS)
max. Startmasse:	2495 kg
Höchstgeschwindigkeit:	250 km/h
Reichweite:	850 km
Gipfelhöhe:	5800 m
Passagiere:	8 + 2 Besatzung

De Havilland DH.106 Comet

Typ:	De Havilland DH.106 Comet 4
Herkunftsland:	Großbritannien
Verwendung:	Transport- und Passagierflugzeug
Spannweite:	34,98 m
Länge:	33,98 m
Antrieb:	4 Rolls-Royce Avon 524 mit je 46,7 kN (4760 kp) Schub
max. Startmasse:	73 480 kg
Reisegeschwindigkeit:	805 km/h
Reichweite:	5190 km
Gipfelhöhe:	12 200 m
Passagiere:	56–109

Vierstrahliges Passagierflugzeug in Tiefdecker-Auslegung, ist das erste strahlgetriebene Passagierflugzeug der Welt (Erstflug 27.07. 1949). Die BOAC nahm 1952 den regelmäßigen Liniendienst mit der Comet 1 auf. Drei schwere Unfälle 1954 – sie waren auf Materialermüdungen an der Druckkabine, besonders an den quadratischen Fenstern, und daraus folgendem plötzlichen Druckabfall zurückzuführen – ruinierten den Ruf dieses Typs. Obwohl die anfälligen Versionen der Comet bereits aus dem Verkehr gezogen worden waren und mit der Comet 4 (Erstflug 27.04. 1958) ein zuverlässiges Flugzeug zur Verfügung stand (mit runden Fenstern, wie heute bei Jets üblich), war De Havilland der Konkurrenz durch die Boeing 707 und die DC 8 nicht mehr gewachsen. Auf Basis der Comet wurde der Seeaufklärer Nimrod entwickelt.

DHC-6 Twin Otter

Typ:	De Havilland Canada DHC-6 300
Herkunftsland:	Kanada
Verwendung:	Mehrzweckflugzeug
Spannweite:	19,81 m
Länge:	15,77 m
Antrieb:	2 Pratt & Whitney Canada PT6A-27 mit je 456 kW (620 PS)
max. Startmasse:	5670 kg
Reisegeschwindigkeit:	338 km/h
Reichweite:	1200 km
Gipfelhöhe:	8140 m
Passagiere:	18–20

Zweimotoriges Mehrzweckflugzeug, abgestrebter Hochdecker, zwei PTL-Triebwerke; Weiterentwicklung der DHC-3 Otter (Erstflug 20.05.1965). Sie kann neun Krankentragen oder aber 1800 kg Fracht transportieren. Bis September 1988 wurden 834 DHC-6 in verschiedenen Ausführungen gebaut und in 80 Länder geliefert.

DHC-8Q-200

Zweimotoriges Regionalverkehrsflugzeug. Diese Version bekam neue Triebwerke, eine höhere Geschwindigkeit und mehr Reichweite. Mittlerweile wird die Dash 8 von Bombardier Aerospace gefertigt, in das De Havilland Canada 1992 eingegliedert wurde. Vom 2. Quartal 1996 an wurde auch die 8-200 als Q-Typ (für quiet) mit einer aktiven Geräusch- und Vibrationsdämmung ausgeliefert.

Typ:	De Havilland Canada DHC-8Q-200
Herkunftsland:	Kanada
Verwendung:	Regionalverkehrsflugzeug
Spannweite:	25,90 m
Länge:	22,30 m
Antrieb:	2 Pratt & Whitney Canada PW123 mit je 1581 kW (2150 PS)
max. Startmasse:	19 500 kg
Reisegeschwindigkeit:	550 km/h
Reichweite:	2200 km
Reiseflughöhe:	7600 m
Passagiere:	37–39

Dornier Do B Merkur

Einmotoriges Passagierflugzeug, verspannter Schulterdecker mit konventionellem Leitwerk und starrem Fahrwerk (Erstflug im September 1925). Die Passagiere reisten damals bereits in einer geschlossenen Kabine, während der Pilot noch über der Passagierkabine in einem offenen Cockpit saß. Wegen ihrer kurzen Start- und Landestrecken war sie gut für kleine Flugplätze geeignet.

Typ:	Dornier Do B Merkur
Herkunftsland:	Deutschland
Verwendung:	Passagierflugzeug
Spannweite:	19,60 m
Länge:	12,80 m
Antrieb:	1 BMW VI mit 500 kW (680 PS)
max. Startmasse:	3700 kg
Reisegeschwindigkeit:	175 km/h
Reichweite:	1000 km
Gipfelhöhe:	5200 m
Passagiere:	6–8

Dornier Do 228

Zweimotoriges Mehrzweckflugzeug für Kurzstrecken mit STOL-Eigenschaften. Bemerkenswert ist der neu entwickelte Tragflügel (TNT = Tragflügel neuer Technologie). Zuerst erschien die Version 228-100 für 15 Passagiere, später die Version 228-200 für 19 Passagiere. Die Do 228 kann nicht nur im Passagier- und Frachttransport, sondern auch für Forschungs- und Überwachungsaufgaben (Waldbrand, Umweltschutz und Ähnliches) eingesetzt werden. Verbesserte Versionen (-101, -201, -202 und -212) kamen bis 1989 heraus. Weiterhin wurden einige Maschinen mit Spezialausrüstungen ausgestattet. Beliebt ist die Maschine wegen ihrer Wartungsfreundlichkeit und Unabhängigkeit von Infrastrukturen. Die Produktion endete nach 242 Einheiten. Etwa 30 Maschinen wurden in Indien in Lizenz gebaut.

Typ:	Dornier Do 228-200
Herkunftsland:	Deutschland
Verwendung:	Mehrzweckflugzeug
Spannweite:	16,97 m
Länge:	16,56 m
Antrieb:	2 Garrett TPE331-10 mit je 570 kW (775 PS)
max. Startmasse:	6400 kg
Reisegeschwindigkeit:	430 km/h
Reichweite:	2400 km
Reiseflughöhe:	3000 m
Passagiere:	19

Dornier Do 328

Zweimotoriges Passagierflugzeug für den Kurzstrecken- und Regionalverkehr. Der neuartige Tragflügel verlieh dieser Maschine sehr gute Flugeigenschaften. Neben der Turboprop-Version 328-100, die seit 1993 ausgeliefert wird, wurde ab 1999 die Do 328-300 (Do 328 Jet) mit zwei Strahlturbinen gebaut. Die amerikanische Avcraft Aviation übernahm 2003 von Fairchild Dornier (Konkurs 2002) die Baurechte an der Do 328. Die Pläne für eine weiterentwickelte Baureihe 428 wurden nicht mehr verwirklicht.

Typ:	Dornier Do 328-100
Herkunftsland:	Deutschland
Verwendung:	Passagierflugzeug
Spannweite:	20,98 m
Länge:	21,11 m
Antrieb:	2 Pratt & Whitney Canada PW119B Propellerturbinen mit je 1380 kW (1877 PS)
max. Startmasse:	13 900 kg
Reisegeschwindigkeit:	max. 620 km/h
Reichweite:	1350 km
Gipfelhöhe:	9450 m
Passagiere:	33

Douglas DC-3

Typ:	Douglas DC-3
Herkunftsland:	USA
Verwendung:	Passagier- und Transportflugzeug
Spannweite:	28,90 m
Länge:	19,70 m
max. Startmasse:	11 431 kg
Antrieb:	2 Pratt & Whitney Twin Wasp S1C3-G mit je 895 kW (1217 PS)
Höchstgeschwindigkeit:	300 km/h
Reichweite:	2170 km
Gipfelhöhe:	6620 m
Passagiere:	32 + 2 Besatzung

Zweimotoriges Verkehrsflugzeug in Tiefdecker-Auslegung (Erstflug 17.12.1935). In der Zeit vor dem 2. Weltkrieg dominierte sie – sicher, wartungsfreundlich und wirtschaftlich – im zivilen Luftverkehr der USA. In der militärischen Version (von der RAF „Dakota" genannt, bei der USAF als C-47 bekannt) war sie seit dem 2. Weltkrieg ein weit verbreitetes Transportflugzeug. Von der DC-3 wurden 10 655 Einheiten im Original und 4937 in Lizenz gebaut.

Douglas (McDonnell) DC-8

Typ:	Douglas DC-8-50
Herkunftsland:	USA
Verwendung:	Passagierflugzeug
Spannweite:	43,41 m
Länge:	45,87 m
max. Startmasse:	147 415 kg
Antrieb:	4 Pratt & Whitney JT3D3 mit je 80,1 kN (8170 kp) Schub
Reisegeschwindigkeit:	max. 933 km/h
Reichweite:	9200–11 260 km
Passagiere:	132, 144 oder 179

Vierstrahliges Passagierflugzeug (Erstflug 30.05.1958), in Tiefdecker-Auslegung. Knapp ein Jahr nach der Boeing 707 in Dienst gestellt, wurden 1959 bis 1972 insgesamt 556 Maschinen verschiedener Versionen ausgeliefert. Mitte der 1960er-Jahre wurde die DC-8 weiterentwickelt. Die sogenannte Super Sixty konnte bis zu 259 Passagiere über extrem lange Distanzen befördern. Bemerkenswert: Am 21.08.1961 erreichte eine DC-8-43 als erster Passagierjet im Sinkflug Überschallgeschwindigkeit (Mach 1,012).

Douglas (McDonnell) DC-9

Typ:	Douglas DC-9-50
Herkunftsland:	USA
Verwendung:	Passagierflugzeug
Spannweite:	28,47 m
Länge:	40,72 m
Antrieb:	2 JT8D-15 mit je 69 kN (7040 kp) oder JT8D-17 mit je 71,2 kN (7260 kp) Schub
max. Startmasse:	54 885 kg
Reisegeschwindigkeit:	max. 898 km/h
Reichweite:	max. 3325 km
Reiseflughöhe:	10 000 m
Passagiere:	max. 139

Zweistrahliges Verkehrsflugzeug für Kurzstrecken in Tiefdecker Auslegung mit T-Leitwerk (Erstflug am 25.02. 1965). Ähnlich wie bei der französischen Caravelle waren die beiden Triebwerke am Heck angebracht. Das ermöglichte einen „sauberen" Tragflügel. Im Laufe der Produktionszeit (bis 1982) wurden verschiedene zivile und militärische Versionen gebaut. 1980 absolvierte die Nachfolgerin MD-80 (als DC-9-80 entwickelt) ihren Erstflug. Sie löste den Typ DC-9 seit 1982 in der Produktion ab. Auf die MD-80-Versionen folgten später die Flugzeuge der Baureihen MD-90.

EADS Socata TB 9 GT Tampico

Typ:	EADS Socata TB 9 GT
Herkunftsland:	Frankreich
Verwendung:	Reise- und Schulflugzeug
Spannweite:	10,04 m
Länge:	7,72 m
Antrieb:	1 Lycoming O-320-D2A mit 120 kW (162 PS)
max. Startmasse:	1060 kg
Reisegeschwindigkeit:	210 km/h
Reichweite:	1084 km
Gipfelhöhe:	3350 m
Passagiere:	3–4 + 1 Pilot

Einmotoriges Mehrzweckflugzeug mit Doppelsteuerung, das in erster Linie dem Basistraining dient, aber auch als Reiseflugzeug genutzt werden kann. Die Maschine ist das Einstiegsmodell in die TB-Familie von Socata.

Embraer EMB 120

Zweimotoriges Passagierflugzeug in Tiefdecker-Auslegung mit T-Leitwerk für den Regionalverkehr (Erstflug 27.07.1983). Als Zubringerflugzeug entwickelt, hat sich das Flugzeug auch auf dem europäischen und dem US-amerikanischen Markt durchsetzen können.

Typ:	Embraer EMB 120
Herkunftsland:	Brasilien
Verwendung:	Passagierflugzeug
Spannweite:	19,80 m
Länge:	20,00 m
Antrieb:	2 Pratt & Whitney Canada 115 mit je 872 kW (1185 WPS)
max. Startmasse:	11 500 kg
Reisegeschwindigkeit:	max. 550 km/h
Reichweite:	1750 km
Gipfelhöhe:	9085 m
Passagiere:	28–30 + 2 Besatzung

Embraer ERJ 145

Typ:	Embraer ERJ 145 LR
Herkunftsland:	Brasilien
Verwendung:	Regionalverkehrs-flugzeug
Spannweite:	20,04 m
Länge:	29,87 m
Antrieb:	2 Rolls-Royce/Allison AE3007A1/3 mit je 33,2 kN (3385 kp) Startleistung
max. Startmasse:	22 000 kg
Höchstgeschwindigkeit:	850 km/h
Reichweite:	2870 km
Gipfelhöhe:	11 200 m
Passagiere:	50

Zweistrahliges Regionalverkehrsflugzeug; der erste in Südamerika hergestellte Passagierjet. 1993 wurde mit dem Bau begonnen (Erstflug 11.08.1995). Seit 1997 wird der Markenname „Embraer Regional Jet" für die Jet-Familie verwendet, denn zur gleichen Zeit begannen Planung und Bau der „Verwandten" ERJ 140 und ERJ 135. Die Langstreckenversion ERJ 145 XR erreicht eine durchaus überregionale Reichweite.

Embraer EMB 195

Zweistrahliges Verkehrsflugzeug; gestreckte Version der EMB 190: Zwei Rumpfsegmente wurden vor und hinter den Tragflächen eingefügt (Erstflug Dezember 2004). Neben der Standardversion wird auch die Langstreckenversion (LR) gefertigt. Außerdem wird die LR-Version mit vergrößerter Treibstoffzuladung und um 550 km verlängerter Reichweite angeboten.

Typ:	Embraer EMB 195 LR
Herkunftsland:	Brasilien
Verwendung:	Mittelstrecken-Verkehrsflugzeug
Spannweite:	28,72 m
Länge:	38,65 m
Antrieb:	2 General Electric CF34-10E mit je 82,3 kN (8390 kp) Startleistung
max. Startmasse:	48 790 kg
Reisegeschwindigkeit:	870 km/h
Reichweite:	3334 km
Gipfelhöhe:	10 700 m
Passagiere:	108–118

Fairchild/Swearingen Metro

Typ:	Fairchild/Swearingen Metro 23
Herkunftsland:	USA
Verwendung:	Regionalverkehrsflugzeug
Spannweite:	17,70 m
Länge:	18,10 m
Antrieb:	2 Garrett TPE331-12UAR mit je 809 kW (1100 PS)
max. Startmasse:	7483 kg
Reisegeschwindigkeit:	540 km/h
Reichweite:	2700 km
Gipfelhöhe:	9100 m
Passagiere:	19

Zweimotoriges Passagierflugzeug für den Regionalverkehr. Die Metro war eine der ersten Maschinen dieser Klasse mit Druckkabine. Sie prägte die positive Entwicklung des Regionalverkehrs in den USA und in Europa mit. Die Version Metro II hatte größere rechteckige Fenster. Die Versionen Metro III und die neueste Version Metro 23 haben deutlich erhöhte Startmassen. Nach etwa 500 Einheiten endete die Produktion 2001.

Focke-Wulf Fw 200 Condor

Viermotoriges Passagierflugzeug, freitragender Tiefdecker. Schon die ersten Erprobungen 1937 versprachen Erfolg und die Luft Hansa gab sofort die erste Serie in Auftrag. So folgten neun Fw 200A und die ersten Exportaufträge: je zwei Maschinen für Dänemark (Abb.) und Brasilien. Anschließend wurde mit der Fw 200B die erste größere Serienversion mit stärkeren BMW-Motoren gebaut. Die zur Langstreckenmaschine (Fw 200S-1) umgebaute V-1 flog im August 1938 die Strecke Berlin–New York in knapp 25 Stunden.

Typ:	Fw 200A (Serie)
Herkunftsland:	Deutschland
Verwendung:	Passagierflugzeug
Spannweite:	32,84 m
Länge:	23,85 m
Antrieb:	4 BMW 132G-1 mit je 530 kW (720 PS)
max. Startmasse:	14 600 kg
Reisegeschwindigkeit:	335 km/h
Reichweite:	1450 km
Gipfelhöhe:	7200 m
Passagiere:	26 + 4 Besatzung

Fokker/Fairchild F.27 Friendship

Zweimotoriges Verkehrsflugzeug in Hochdecker-Auslegung (Erstflug des ersten Prototyps 24.11.1955), das ursprünglich als Ersatz für die weit verbreitete DC-3 entwickelt wurde. Es entstand ein multifunktionales Flugzeug mit Druckkabine in unterschiedlichen (zivilen und militärischen Versionen). Mittels Rumpfverlängerung erweiterte man die Passagierkapazität von 44 auf 52. 1956 schloss Fokker einen Vertrag mit Fairchild zur Produktion des Flugzeugs in den USA. Die erste dort gebaute Maschine (siehe Abb.) flog 1958. Mit über 800 gebauten und verkauften Einheiten war die Fokker F.27 eine der erfolgreichsten Turboprop-Maschinen aller Zeiten.

Typ:	Fokker F.27-200
Herkunftsland:	Niederlande, USA
Verwendung:	Passagier- und Transportflugzeug
Spannweite:	29,00 m
Länge:	23,50 m
Antrieb:	2 Rolls-Royce Dart Mk.528 Propellerturbinen mit je 1730 kW (2350 PS)
max. Startmasse:	19 050 kg
Reisegeschwindigkeit:	max. 483 km/h
Reichweite:	1470 km
Gipfelhöhe:	9935 m
Passagiere:	44 + 2 Besatzung

Fokker 70

Zweistrahliges Passagierflugzeug in Tiefdecker-Auslegung mit T-Leitwerk. Entwickelt wurde die Fokker 70 als „kleine Schwester" der Fokker 100. So konnten Betreiber der größeren Maschine bei Auslastungsschwankungen auch den kleineren Typ einsetzen, der im Übrigen durch seine Reisegeschwindigkeit überzeugte.

Typ:	Fokker 70
Herkunftsland:	Niederlande
Verwendung:	Passagierflugzeug
Spannweite:	30,90 m
Länge:	28,10 m
Antrieb:	2 Rolls-Royce Tay 620-15 mit je 61 kN (6215 kp) Schub
max. Startmasse:	39 915 kg
Reisegeschwindigkeit:	833 km/h
Reichweite:	1900 km
Gipfelhöhe:	10 670 m
Passagiere:	80

Gulfstream V

Typ:	Gulfstream V
Herkunftsland:	USA
Verwendung:	Reiseflugzeug
Spannweite:	28,50 m
Länge:	29,39 m
Antrieb:	2 BMW/Rolls-Royce BR710-48 mit je 66,6 kN (6790 kp)
max. Startmasse:	41 050 kg
Reisegeschwindigkeit:	850 km/h
Reichweite:	12 000 km
Gipfelhöhe:	15 545 m
Passagiere:	13 (max. 19) + 2 Besatzung

Zweistrahliges Reiseflugzeug in Tiefdecker-Auslegung mit T-Leitwerk (Erstflug am 28.11.1995), ebenso wie das Konkurrenzmuster Global Express von Bombardier für Langstreckenflüge bis zu 12 000 km einzusetzen. Die Version V-SP (2002) besitzt mehr Kabinenraum und hat eine längere Reichweite. Das Flugzeug verfügt über digitale Honeywell-Avionik mit Multifunktionsbildschirmen. In einigen Staaten wird die Maschine auch als Regierungsflugzeug genutzt.

Guppy

Viermotoriges Transportflugzeug auf der Basis der Boeing 377. Die einzelnen Maschinen wurden in unterschiedlichen Modifikationen und Motorisierungen von Conroy Aircraft umgebaut. Die Super Guppy Turbine (sie war anstelle der Kolbenmotoren nun mit Propellerturbinen ausgerüstet worden), die der NASA zum Transport von Raketenteilen (zum Beispiel Stufen der Saturn-V-Rakete) gedient hatte, wurde nach dem Ende des Apollo-Programms an Aerospatiale in Frankreich verkauft. Dort wurde die Maschine bis zur Entwicklung eines eigenen Großtransporters (siehe Airbus A300ST Beluga) zum Transport von Flugzeugteilen zwischen den einzelnen Produktionsstandorten der Airbus Industrie genutzt.

Typ:	Boeing 377 SGT-201 Super Guppy Turbine
Herkunftsland:	USA
Verwendung:	Transportflugzeug
Spannweite:	47,61 m
Länge:	46,84 m
Antrieb:	4 Allison 501 D22C mit je 3610 kW (4910 PS)
max. Startmasse:	77 100 kg
Reisegeschwindigkeit:	460 km/h
Reichweite:	813 km
Gipfelhöhe:	7600 m
Zuladung:	24 500 kg

Heinkel He 70 Blitz

Typ:	Heinkel He 70
Herkunftsland:	Deutschland
Verwendung:	Passagierflugzeug
Spannweite:	14,80 m
Länge:	12,00 m
Antrieb:	1 BMW VI 7,3 mit 552 kW (750 PS)
max. Startmasse:	3460 kg
Reisegeschwindigkeit:	323 km/h
Reichweite:	890–2100 km
Gipfelhöhe:	5500 m
Passagiere:	5 + 1 Pilot

Einmotoriges, schnelles Verkehrsflugzeug (Erstflug 01.12.1932), Konkurrenzmuster zur Lockheed Orion 9 C. Die He 70 war schneller als die zu ihrer Zeit in Dienst befindlichen Jagdflugzeuge und besaß als erstes Verkehrsflugzeug der Welt ein Einziehfahrwerk. 1933 stellte sie acht internationale Rekorde auf. Vier Passagiere nahmen einander gegenüber auf je zwei Doppelsitzen Platz, ein fünfter Passagier hinter dem Pilotensitz.

Iljuschin Il-14

Zweimotoriges Passagier- und Transportflugzeug für Kurz- und Mittelstrecken (Erstflug 20.09. 1950). Die Maschine ging aus der Il-12 hervor und wurde sowohl für zivile als auch für militärische Zwecke eingesetzt. Die meisten der rund 3600 produzierten Einheiten entstanden bis 1958 in der Sowjetunion. Neben der ersten Serienversion Il-14P wurde die Version Il-14M (mit verlängertem Rumpf) und die Frachtversion Il-14G gefertigt.

Typ:	Iljuschin Il-14M
Herkunftsland:	Sowjetunion
Verwendung:	Passagierflugzeug
Spannweite:	31,40 m
Länge:	22,31 m
Antrieb:	2 Schwetsow ASch-82 T mit je 1397 kW (1900 PS)
max. Startmasse:	18 500 kg
Reisegeschwindigkeit:	345 km/h
Reichweite:	2250 km
Gipfelhöhe:	6500 m
Passagiere:	36 + 5 Besatzung

Iljuschin Il-76

Vierstrahliges Transportflugzeug in Schulterdecker-Auslegung (Erstflug 25.03.1971). In der militärischen Version kann es schweres Gerät transportieren und auch auf unbefestigten Plätzen landen. Außer in der Sowjetunion und deren Nachfolgestaaten flog oder fliegt die Il-76 in vielen anderen Staaten in verschiedenen Modifikationen (u. a. auch in einer Löschflugzeug-Version). Die neueste modernisierte Version ist die IL-76-TD mit Triebwerken Perm PS-90A-76 (Erstflug am 05.08. 2005).

Typ:	Iljuschin Il-76
Herkunftsland:	Sowjetunion
Verwendung:	Transportflugzeug
Spannweite:	50,30 m
Länge:	46,30 m
Antrieb:	4 Solowjow D-30KP mit je 120 kN (12 236 kp) Schub
max. Startmasse:	190 000 kg
Reisegeschwindigkeit:	850 km/h
Reichweite:	4800 km
Gipfelhöhe:	13 000 m
Zuladung:	47 t
Besatzung:	7

Iljuschin Il-96

Vierstrahliges Großraum-Passagierflugzeug (Erstflug 30.08.1988) für Langstrecken. Äußerlich unterscheidet sich die Il-96 von der Il-86 durch ihre größere Spannweite, ihr höheres Seitenleitwerk und durch die auffallenden Winglets. Der Rumpfquerschnitt entspricht dem der Il-86. Gefertigt wurden neben der Grundversion noch weitere Versionen (u. a. für den Frachttransport). Projektiert ist eine Doppeldeckrumpf-Version für bis zu 550 Passagiere.

Typ:	Iljuschin Il-96-300
Herkunftsland:	Russland
Verwendung:	Passagierflugzeug
Spannweite:	60,10 m
Länge:	55,30 m
Antrieb:	4 Aviadvigatel PS-90A mit je 156,9 kN (16 000 kp) Schub
max. Startmasse:	216 000 kg
Reisegeschwindigkeit:	980 km/h
Reichweite:	8900 km
Reiseflughöhe:	12 000 m
Passagiere:	235–270; max. 300

Jakowlew Jak-12

Typ:	Jakowlew Jak-12M
Herkunftsland:	Sowjetunion
Verwendung:	Mehrzweckflugzeug
Spannweite:	12,60 m
Länge:	9,00 m
Antrieb:	1 Iwtschenko AI-14R mit 190 kW (260 PS)
max. Startmasse:	1588 kg
Höchstgeschwindigkeit:	220 km/h
Reichweite:	760 km
Gipfelhöhe:	4600 m
Passagiere:	3 + 1 Pilot

Einmotoriges sowjetisches Mehrzweckflugzeug, ein abgestrebter Hochdecker in Gemischtbauweise (Erstflug 1946), Nachfolgemodell für die Polikarpow Po-2. Sie wurde in vielen Versionen (z. B. Lufttaxi, Sanitäts-, Landwirtschafts- und Wasserflugzeug) für zivile und militärische Anwendungen in Polen und in der Sowjetunion in großen Serien gefertigt. Ab 1955 wurde eine viersitzige Weiterentwicklung als Jak-12M in Ganzmetallbauweise hergestellt.

Jakowlew Jak-40

Dreistrahliges sowjetisches Passagierflugzeug für Kurzstrecken in Tiefdecker-Auslegung mit T-Leitwerk (Erstflug am 21.10.1966). Die Maschine kann von Behelfsflugplätzen und Graspisten aus operieren, weil sie von Bodengeräten auf Flughäfen weitgehend unabhängig ist. Über 800 Einheiten dieser relativ schwach motorisierten Maschine wurden ausgeliefert.

Typ:	Jakowlew Jak-40
Herkunftsland:	Sowjetunion
Verwendung:	Passagierflugzeug
Spannweite:	25,00 m
Länge:	20,36 m
Antrieb:	3 Iwtschenko Ai-25 mit je 14,7 kN (1500 kp) Schub
max. Startmasse:	16 000 kg
Reisegeschwindigkeit:	max. 550 km/h
Reichweite:	1600 km
Gipfelhöhe:	12 000 m
Passagiere:	24–33 + 2 Besatzung

Junkers F 13

Einmotoriges Passagierflugzeug in Tiefdecker-Auslegung – das erste Ganzmetallflugzeug der zivilen Luftfahrt (Erstflug 28.06.1919) und das erste Flugzeug der Welt, das eigens für den Passagier-Luftverkehr entworfen wurde. Für die Struktur wurden genietete Duralumin-Streben verwendet. Die geschlossene Kabine war mit Polster- oder Korbsesseln, mit Heizung und Innenbeleuchtung ausgestattet. Die Maschine konnte auch mit Schwimmern oder Kufen ausgerüstet werden. Die anfänglich bescheidene Motorleistung von 118 kW steigerte sich im Laufe der Bauzeit (insgesamt über 60 Varianten der F 13a bis F 13k) bis auf 420 kW. Etwa ein Drittel der 330 gebauten F 13 flogen mit deutschem Kennzeichen.

Typ:	Junkers F 13a
Herkunftsland:	Deutschland
Verwendung:	Passagierflugzeug
Spannweite:	17,80 m
Länge:	10,50 m
Antrieb:	1 Junkers L2 mit 170 kW (230 PS) ab 1924
max. Startmasse:	1850 kg
Höchstgeschwindigkeit:	170 km/h
Gipfelhöhe:	4000 m
Reichweite:	1200 km
Passagiere:	4 + 2 Besatzung

Junkers G 31

Dreimotoriges Passagier- und Transportflugzeug, freitragender Tiefdecker in Ganzmetallbauweise und doppeltem Seitenleitwerk (Erstflug 03.09.1926); entstanden aus der Junkers G 24. Das Cockpit besaß eine Doppelsteuerung. Die Kabine war in ihren drei Abteilen mit Sitzbänken ausgestattet, die zu Schlafplätzen umgelegt werden konnten. Es gab Toilette, Waschraum und eine kleine Küche an Bord. Zum ersten Mal ließ die Luft Hansa 1928 hier einen Steward Bordverpflegung servieren, daher nannte man die G 31 auch gern den „Fliegenden Speisewagen".

Die Fracht-Version G 31go hatte ein offenes Cockpit, eine große Ladeluke für sperrige Lasten im Rumpfrücken, glich aber in ihren Abmessungen ansonsten der Passagierversion.

Typ:	Junkers G 31fo
Herkunftsland:	Deutschland
Verwendung:	Passagierflugzeug
Spannweite:	30,30 m
Länge:	17,28 m
Antrieb:	3 BMW Hornet A mit je 385 kW (523 PS)
max. Startmasse:	8500 kg
Höchstgeschwindigkeit:	211 km/h
Reichweite:	1050 km
Gipfelhöhe:	4000 m
Passagiere:	15 + 3 Besatzung

Junkers Ju 52/3m

Typ:	Junkers Ju 52/3m
Herkunftsland:	Deutschland
Verwendung:	Passagierflugzeug
Spannweite:	29,25 m
Länge:	18,50 m
Antrieb:	3 BMW 132A mit je 485 kW (660 PS)
max. Startmasse:	9200 kg
Höchstgeschwindigkeit:	290 km/h
Reichweite:	1300 km
Gipfelhöhe:	6300 m
Passagiere:	15 (17) + 2 Besatzung

Dreimotoriges Passagierflugzeug in Tiefdecker-Auslegung und Ganzmetallbauweise (Erstflug 07.03.1932). Die Zelle entsprach weitgehend der Ju 52/1m – sie wurde dem Passagierverkehr angepasst. Die Fluggastkabine konnte mit Notklappsitzen 17 Personen aufnehmen. Sie verfügte über Warmluftheizung, Lüftung, Waschraum und Toilette. Das Cockpit besaß Doppelsteuerung und eine zeitgemäße Funkausrüstung. Im Laufe der Bauzeit wurde das Flugzeug entsprechend den Bestellerwünschen unterschiedlich motorisiert. Neben den zivilen Versionen wurden später in großem Umfang militärische Transportversionen hergestellt.

Learjet 35

Zweistrahliges Reiseflugzeug in Tiefdecker-Auslegung (Erstflug 22.08.1973). Der Learjet 35 ging aus dem Typ 25 hervor, er besaß jedoch Mantelstromtriebwerke. 1976 wurde das Modell Learjet 35A vorgestellt: Es verfügte über eine höhere Abflugmasse und einen überarbeiteten Tragflügel. Vom Learjet 35 wurden 675 Einheiten in Serie gebaut. Eine militärische Variante des Learjet 35A ist der Transporter C-21 (genutzt von der US-Nationalgarde).

Typ:	Learjet 35A
Herkunftsland:	USA
Verwendung:	Reiseflugzeug
Spannweite:	12,04 m
Länge:	14,83 m
Antrieb:	2 Allied Signal TFE731-22B mit je 15,6 kN (1590 kp) Schub
max. Startmasse:	8300 kg
Reisegeschwindigkeit:	770 km/h
Reichweite:	4070 km
Gipfelhöhe:	13 715 m
Passagiere:	8 + 2 Besatzung

Learjet (Bombardier) 60

Typ:	Learjet 60
Herkunftsland:	USA
Verwendung:	Reiseflugzeug
Spannweite:	13,35 m
Länge:	17,89 m
Antrieb:	2 Pratt & Whitney PW305A mit je 20,46 kN (2086 kp) Startschub
max. Startmasse:	10 319 kg
Reisegeschwindigkeit:	846 km/h
Reichweite:	max. 4625 km
Gipfelhöhe:	15 545 m
Passagiere:	8–10 + 2 Besatzung

Zweistrahliges Reiseflugzeug für mittlere Strecken (Erstflug am 15.06.1992); basierend auf dem Modell 55 von 1979, aber mit gestrecktem Rumpf. Zur Ausstattung dieser Jets gehören u. a. Satellitentelefon/ Fax/ Internet (Satcom), Monitor mit Airshow 400, Kabinen-Videosystem, DVD/CD-Player, separate Toilette mit Waschgelegenheit. Der Standard-Kabinenaufbau lässt sich für Nachtflüge leicht zur Kabine mit Schlafplätzen umgestalten.

Lockheed Super Constellation

Viermotoriges Verkehrsflugzeug (Erstflug 13.10.1950) mit verlängertem Rumpf der Constellation (Einbau zusätzlicher Segmente vor und hinter dem Flügel) und mit rechteckigen Kabinenfenstern. Die Triebwerke verstärkte man mittels Abgasturbine. 1954 entstand die Frachtversion L.1049D. Die Version L.1049G (seit Ende 1954) war am erfolgreichsten. Das Flugzeug ist bei den Freunden der Fliegerei auch unter dem Namen „Superconny" bekannt.

Typ:	Lockheed Super Constellation L.1049G
Herkunftsland:	USA
Verwendung:	Passagierflugzeug
Spannweite:	37,50 m
Länge:	34,60 m
Antrieb:	4 18-Zylinder-Doppelstern Curtiss-Wright 3350-972TC-18DA mit je 2389 kW (3250 PS)
max. Startmasse:	62 370 kg
Reisegeschwindigkeit:	482 km/h
Reichweite:	6480 km
Gipfelhöhe:	7050 m
Passagiere:	76–99 + 7–10 Besatzung

Lockheed L.1011 Tristar

Typ:	Lockheed L.1011-1 Tristar
Herkunftsland:	USA
Verwendung:	Passagierflugzeug
Spannweite:	47,35 m
Länge:	54,35 m
Antrieb:	3 Rolls-Royce RB211-22-02 mit je 180,6 kN (18 416 kp)
max. Startmasse:	195 000 kg
Reisegeschwindigkeit:	max. 948 km/h
Reichweite:	5290 km
Gipfelhöhe:	12 800 m
Passagiere:	max. 400

Dreistrahliges Passagierflugzeug in Tiefdecker-Auslegung mit konventionellem Leitwerk (Erstflug am 16.11.1970). Dieses mittelgroße Großraumflugzeug sollte verlorene Marktanteile zurückerobern. Es gab auch Langstreckenversionen sowie eine Version mit um 4,11 m verkürztem Rumpf. Lockheed beendete die Serie nach 250 Einheiten und zog sich danach aus der Zivilluftfahrt zurück.

McDonnell Douglas MD-11

Typ:	McDonnell Douglas MD-11
Herkunftsland:	USA
Verwendung:	Passagierflugzeug
Spannweite:	51,97 m
Länge:	61,21 m
Antrieb:	3 Pratt & Whitney PW 4450 mit je 267 kN (27 216 kp) Schub
max. Startmasse:	273 290 kg
Reisegeschwindigkeit:	933 km/h
Reichweite:	max. 15 250 km
Gipfelhöhe:	13 100 m
Passagiere:	323–405 + 2 Piloten

Dreistrahliges Passagierflugzeug in Tiefdecker-Auslegung mit konventionellem Leitwerk für Langstrecken (Erstflug 10.01.1990). Die MD-11 wurde als Nachfolgerin für die DC-10 konzipiert. Sie hat einen längeren Rumpf, aerodynamische Verbesserungen (u. a. Winglets) und ein sogenanntes Glascockpit. 2001 ließ Boeing die Produktion (nach Übernahme von McDonnell Douglas) nach 200 Einheiten auslaufen. Viele MD-11 wurden inzwischen zu Frachtflugzeugen umgerüstet.

Noorduyn Norseman C-64A

Einmotoriges leichtes Transport- und Passagierflugzeug in Hochdecker-Auslegung (Erstflug 14.11.1935). Infolge des Kriegsausbruchs bestellten auch die Luftwaffen Kanadas und der USA zahlreiche Einheiten dieses ursprünglich zivilen „Buschtransporters". Alle Maschinen konnten mit Fahrwerk, Kufen oder Schwimmern ausgerüstet werden. Die Norseman flog auch noch nach dem 2. Weltkrieg, denn viele einst militärisch genutzten Maschinen wurden wieder an zivile Betreiber verkauft. Die Norseman galt als äußerst zuverlässig und war in insgesamt 68 Ländern im Einsatz.

Typ:	Noorduyn Norseman C-64A
Herkunftsland:	Kanada
Verwendung:	Transportflugzeug
Spannweite:	15,70 m
Länge:	9,60 m
Antrieb:	1 Pratt & Whitney R-1340AN-1 mit 447 kW (608 PS)
max. Startmasse:	3350 kg
Höchstgeschwindigkeit:	260 km/h
Reichweite:	1850 km
Gipfelhöhe:	5100 m
Passagiere:	max. 9 + 1–2 Besatzung

Nord Aviation MH 262

Zweimotoriges Verkehrsflugzeug in Hochdecker-Auslegung (Erstflug 24.12.1962). Die Maschine wurde seit 1961 entwickelt, um die Nord 260 Super-Broussard zu ersetzen. Die Nord Aviation 262 flog außer in Frankreich auch in verschiedenen Ländern Afrikas. Die französische Marine nutzte seit 1967 ebenfalls 26 Nord Aviation 262 Frégate.

Typ:	Nord Aviation MH 262
Herkunftsland:	Frankreich
Verwendung:	Passagier- und Transportflugzeug
Spannweite:	21,90 m
Länge:	19,28 m
Antrieb:	2 Turboméca Bastan IVB mit je 984 kW (1080 PS)
max. Startmasse:	10 600 kg
Reisegeschwindigkeit:	365 km/h
Reichweite:	1050 km
Gipfelhöhe:	8000 m
Passagiere:	30

Pilatus PC-12

Typ:	Pilatus PC-12
Herkunftsland:	Schweiz
Verwendung:	Mehrzweckflugzeug
Spannweite:	16,23 m
Länge:	14,40 m
Antrieb:	1 Pratt & Whitney Canada PT6A-67B mit 1327 kW (1800 PS)
max. Startmasse:	4000 kg
Höchstgeschwindigkeit:	496 km/h
Reichweite:	2964 km
Gipfelhöhe:	7620 m
Passagiere:	6–9 + 2 Besatzung

Einmotoriges Mehrzweckflugzeug (Erstflug 31.05.1991). Die Maschine vereinigt ein einzelnes leistungsstarkes Turboprop-Triebwerk mit einer geräumigen Zelle. Das Konzept lässt ein weites Einsatzspektrum in der Allgemeinen Luftfahrt zu – von Reise- über Ambulanzversionen bis zur Nutzung im Polizeidienst oder bei der US-Einwanderungsbehörde. Dadurch wurde der Typ auch kommerziell sehr erfolgreich.

Piper PA 12/14 Super Cruiser

Einmotoriges Reiseflugzeug (Erstflug im Jahr 1945). Rumpf und Tragflächen waren mit Stoff bespannt. Vom Super Cruiser, einem beliebten Flugzeug der Allgemeinen Luftfahrt, wurden 3760 Stück hergestellt, davon wurden auch viele mit Schwimmern ausgestattet. Der Typ Piper PA 14 ist die viersitzige Variante dieses Flugzeugs.

Typ:	Piper PA 12
Herkunftsland:	USA
Verwendung:	Sport- und Reiseflugzeug
Spannweite:	10,80 m
Länge:	6,85 m
Antrieb:	1 Lycoming O-235 C mit 74 kW (100 PS)
max. Startmasse:	793 kg
Reisegeschwindigkeit:	185 km/h
Reichweite:	660 km
Gipfelhöhe:	3750 m
Passagiere:	2 (3) + 1 Pilot

Piper PA 28 Cherokee

Typ:	Piper PA 28-140
Herkunftsland:	USA
Verwendung:	Reiseflugzeug
Spannweite:	9,14 m
Länge:	7,16 m
Antrieb:	1 Lycoming 0-320-E3D mit 132 kW (150 PS)
max. Startmasse:	975 kg
Reisegeschwindigkeit:	226 km/h
Reichweite:	1250 km
Gipfelhöhe:	4160 m
Passagiere:	3 + 1 Pilot

Einmotoriges Reiseflugzeug, freitragender Tiefdecker (Erstflug des Serienflugzeugs 10.02.1961). Die Cherokee in ihren verschiedenen Modifikationen ist das meistgebaute Flugzeug von Piper und gilt als eines der wichtigsten und beliebtesten Flugzeuge in der Allgemeinen Luftfahrt.

Piper PA 42 Cheyenne

Zweimotoriges Reiseflugzeug in Tiefdecker-Auslegung mit Turboprop-Antrieb (Erstflug der ersten Kundenmaschine 15.05.1979), die Turboprop-Variante der Piper PA 31. Die Zelle beherbergt eine komfortable Druckkabine. Die Cheyenne IIIA wird auch als Trainingsflugzeug bei verschiedenen Luftfahrtgesellschaften und Luftstreitkräften, so etwa der Lufthansa und der Bundesluftwaffe, eingesetzt.

Typ:	Piper PA 42 Cheyenne III
Herkunftsland:	USA
Verwendung:	Reiseflugzeug
Spannweite:	14,53 m
Länge:	13,23 m
Antrieb:	2 Pratt & Whitney Canada PT6A-41 mit je 535 kW (727 PS)
max. Startmasse:	5125 kg
Reisegeschwindigkeit:	413 km/h
Reichweite:	3100 km
Gipfelhöhe:	10 060 m
Passagiere:	6–9 + 2 Besatzung

Polikarpow Po-2

Einmotoriges Mehrzweckflugzeug, verspannter Doppeldecker in Holzbauweise (Erstflug 07.01.1928). Es wurde als Schul- und Sportflugzeug, aber auch als Sprühflugzeug für die Landwirtschaft ausgerüstet und als Passagierflugzeug mit geschlossener Kabine gebaut. Mit Kriegsbeginn 1941 von der Sowjetunion auch als Aufklärungs- und Kampfflugzeug eingesetzt, entstand es in über 40 000 Einheiten. Vermutlich wurde kein Flugzeug der Welt häufiger gebaut.

Typ:	Polikarpow Po-2
Herkunftsland:	Sowjetunion
Verwendung:	Mehrzweckflugzeug
Spannweite:	11,40 m
Länge:	8,20 m
Antrieb:	1 5-Zylinder M-11 mit 75 kW (102 PS)
max. Startmasse:	1355 kg
Höchstgeschwindigkeit:	250 km/h
Reichweite:	660 km
Gipfelhöhe:	7300 m
Passagiere:	1–2 + 1 Pilot

Saab 2000

Zweimotoriges Passagierflugzeug, freitragender Tiefdecker mit Turboprop-Antrieb (Erstflug 26.03.1992), gestreckte Weiterentwicklung des Regionalflugzeugs Saab 340. Obwohl es durch seine hohe Reisegeschwindigkeit und die komfortable Kabine mit aktiver Schalldämpfung überzeugte, blieb der kommerzielle Erfolg aus und Saab stellte 1998 die Produktion seines bislang letzten Passagierflugzeugs nach 63 Einheiten ein.

Typ:	Saab 2000
Herkunftsland:	Schweden
Verwendung:	Passagierflugzeug
Spannweite:	24,76 m
Länge:	27,03 m
Antrieb:	2 Allison/Rolls-Royce AE2100A mit je 3034 kW (4152 PS)
max. Startmasse:	22 800 kg
Höchstgeschwindigkeit:	685 km/h
Reichweite:	2700 km
Gipfelhöhe:	9500 m
Passagiere:	50–58

Sud Aviation Caravelle

Typ:	Sud Aviation Caravelle VI
Herkunftsland:	Frankreich
Verwendung:	Passagierflugzeug
Spannweite:	34,30 m
Länge:	32,01 m
Antrieb:	2 Rolls-Royce Avon 531R Strahltriebwerke mit je 54,7 kN (5535 kp)
max. Startmasse:	50 000 kg
Reisegeschwindigkeit:	785 km/h
Reichweite:	2650 km
Gipfelhöhe:	12 000 m
Passagiere:	64–99 + 5–7 Besatzung

Zweistrahliges Verkehrsflugzeug für die Kurz- und Mittelstrecken, Tiefdecker mit Kreuzleitwerk und das erste strahlgetriebene Flugzeug dieser Klasse (Erstflüge der Prototypen 25.05.1955 und 06.05. 1956). Die Triebwerksanordnung am Heck wirkte seinerzeit absolut neuartig. Sie verlieh der Caravelle nicht nur ihre sprichwörtliche Eleganz, sondern ermöglichte den Konstrukteuren auch, einen sogenannten sauberen Flügel mit mäßiger Pfeilung herzustellen, an dem keine Verwirbelungen durch die Strahlturbinen auftraten. Aus dem Grundmuster für 52 Passagiere wurden später verschiedene Versionen mit erhöhter Passagierkapazität entwickelt. Die Version Caravelle Super 12 (Rumpf um 2,31 m verlängert; Erstflug 1970) konnte sogar 129–138 Passagiere befördern.

Tupolew ANT-20 Maxim Gorki

Achtmotoriges Mehrzweckflugzeug (Erstflug am 17.06.1934), freitragender Mitteldecker. Es enthielt Druckerei, Fotolabor, Kino, Schreibabteilung, Telefonzentrale, Schlafkabinen und Platz für 72 Passagiere; sie war zu ihrer Zeit das größte Landflugzeug der Welt. Je drei Motoren waren in jeder der beiden Tragflächen integriert und zwei weitere arbeiteten als Tandemmotoren auf einem Gestell über dem Rumpf. 1935 stürzte die ANT 20 bei einer Flugschau nach einer Kollision mit einem begleitenden Jagdflugzeug ab. Der Nachfolgebau ANT-20bis (Abb.) konnte dank stärkerer Motoren sechsmotorig (ohne Tandemmotoren auf dem Rumpf) ausgeführt werden.

Typ:	Tupolew ANT-20/ ANT-20bis
Herkunftsland:	Sowjetunion
Verwendung:	Mehrzweckflugzeug
Spannweite:	63,00 m/64,00 m
Länge:	33,00 m/34,10 m
Antrieb:	8 AM-34FRN/ 6 AM-34FRNW mit je 671 kW (900 PS)/ 895 kW (1200 PS)
max. Startmasse:	42 000 kg/44 000 kg
Höchstgeschwindigkeit:	245 km/h/275 km/h
Reichweite:	2200 km/900 km
Gipfelhöhe:	4500 m/5500 m
Passagiere:	72 + 8 Besatzung/ 64 + 9 Besatzung

Tupolew Tu-114

Viermotoriges Passagierflugzeug für Langstrecken in Tiefdecker-Auslegung, das konstruktiv auf das Bombenflugzeug Tu-20/Tu-95 zurückgriff. Die Tu-114 war und ist das größte und schnellste Propeller-Verkehrsflugzeug der Welt (Erstflug 03.11.1957). Die Turbinen trieben vier Paare gegenläufiger Propeller an. Wegen des großen Propellerdurchmessers (5,60 m) musste das Fahrwerk sehr „hochbeinig" ausfallen. Die 31 produzierten Exemplare wurden 1975 gegen die Iljuschin Il-62 ausgetauscht.

Typ:	Tupolew Tu-114
Herkunftsland:	Sowjetunion
Verwendung:	Passagierflugzeug
Spannweite:	51,10 m
Länge:	54,10 m
max. Startmasse:	171 000 kg
Antrieb:	4 Kusnezow NK-12 mit je 10 889 kW (14 800 PS)
Höchstgeschwindigkeit:	875 km/h
Reichweite:	9000 km
Gipfelhöhe:	12 000 m
Passagiere:	170–220

Tupolew Tu-144

Typ:	Tupolew Tu-144S
Herkunftsland:	Sowjetunion
Verwendung:	Passagierflugzeug
Spannweite:	28,80 m
Länge:	65,70 m
Antrieb:	4 Kusnetsow NK-144 mit je 196 kN (20 000 kp) Schub
max. Startmasse:	207 000 kg
Höchstgeschwindigkeit:	2500 km/h
Reichweite:	2510 km
Gipfelhöhe:	18 000 m
Passagiere:	108–135 + 3–4 Besatzung

Vierstrahliges Überschall-Passagierflugzeug (Erstflug am 31.12. 1968). Am 26.05. 1970 überschritt es als das erste Verkehrsflugzeug Mach 2. Das letzte Exemplar wurde 1981 fertiggestellt; es diente später als Test-Flugzeug für die Buran-Raumfähre. Im Dezember 1975 nahm die Tu-144 zunächst den Frachtbetrieb, im November 1977 den Passagierbetrieb zwischen Moskau und Alma-Ata auf. Der Einsatz der 16 gebauten Maschinen als Passagierjet war mit insgesamt 3284 beförderten Passagieren bis 1978 wenig erfolgreich.

Sport- und Schulflugzeuge von A–Z

Martinair Vliegschool

Sport- und Schulflugzeuge

Von Beginn des Motorflugs an wurde das Fliegen immer auch als sportliche Herausforderung aufgefasst. Hier kommt es nicht auf Zuladung und Passagierkapazität an, nicht auf das immer schwerer und immer größer, sondern eher im Gegenteil auf Beweglichkeit, Leichtigkeit (sogar Ultra-Leichtigkeit) und – wenn man so will – Gutmütigkeit. Zum Sport gehört Training – und Fliegen muss überhaupt erst einmal gelernt werden, in der Allgemeinen Luftfahrt ebenso wie in der Verkehrs- und Militärfliegerei. Oftmals sind die Grenzen, was die Schulflugzeuge betrifft, fließend und künftige Militär- und Verkehrspiloten absolvieren ihre ersten Flugstunden auf den gleichen Maschinen wie die Hobby- und Freizeitflieger.

Blériot XI

Die Blériot XI war ein einmotoriges Sportflugzeug in Holzbauweise (Erstflug 23.01.1909). Blériot gelang mit diesem Flugzeug am 25. Juli 1909 die erste Ärmelkanal-Überquerung in einem Flugzeug. Danach stieg die Nachfrage nach Blériots Flugzeug, allein 1913 wurden ca. 800 Stück gebaut (mehr als 60 Prozent der französischen Gesamt-Flugzeugproduktion). Aus der XI entwickelte Blériot ein vergrößertes zweisitziges Modell mit stärkerer Motorisierung, XI-2 genannt.

Typ:	Blériot XI/Blériot XI-2
Herkunftsland:	Frankreich
Verwendung:	Sportflugzeug
Spannweite:	7,81 m/10,25 m
Länge:	7,05 m/10,25 m
Antrieb:	1 Anzani-Motor mit 18,4 kW (25 PS)/ Gnôme-7B-Umlaufmotor mit 52 kW (70 PS)
max. Startmasse:	320 kg/625 kg
Höchstgeschwindigkeit:	75 km/h/106 km/h
Besatzung:	1–2

Bücker Bü 131 Jungmann

Einmotoriges, kunstflugtaugliches Sport- und Schulflugzeug in Doppeldecker-Auslegung (Erstflug 27.04.1934). Die Maschine wurde für die Anfängerschulung eingesetzt. Der Rumpf bestand weitgehend aus einem stoffbespannten Stahlgerüst, die Flügel aus Holz mit Stoffbespannung. Die Serienversion wurde an Flugschulen, in der neu entstandenen deutschen Luftwaffe und in 19 weiteren Ländern eingesetzt. In Deutschland wurden allein 3000 Einheiten produziert, insgesamt (Lizenzbauten eingeschlossen) etwa 5000.

Typ:	Bücker Bü 131 Jungmann
Herkunftsland:	Deutschland
Verwendung:	Schulflugzeug
Spannweite:	7,40 m
Länge:	6,62 m
max. Startmasse:	630 kg
Antrieb:	1 Hirth HM 60 R mit 60 kW (80 PS)
Höchstgeschwindigkeit:	170 km/h
Reichweite:	680 km
Gipfelhöhe:	3500 m
Besatzung:	1–2

Cessna 150/152

Typ:	Cessna F 150 L
Herkunftsland:	USA
Verwendung:	Schulflugzeug
Spannweite:	10,20 m
Länge:	7,30 m
max. Startmasse:	726 kg
Antrieb:	1 Teledyne-Continental-O-200A mit 75 kW (102 PS)
Höchstgeschwindigkeit:	260 km/h
Reichweite:	max. 1340 km
Gipfelhöhe:	3000 m
Besatzung:	1–2 (mit Doppelsteuer)

Einmotoriges, zweisitziges Sportflugzeug in Hochdecker-Auslegung (1957). Es gilt als das weltweit am meisten für die Ausbildung von Piloten eingesetzte Flugzeug. 24 000 Exemplare wurden bis heute gebaut. Typ 150 ist das Nachfolgemodell der Cessna 140. 1977 wurde die Cessna 150 durch die 152 mit einem Lycoming-O-235-Motor mit 82 kW (112 PS) ersetzt. Insgesamt wurden bis 1985 7584 Cessna 152 gebaut.

Cessna 172 Skyhawk

Einmotoriges, viersitziges Sport- und Reiseflugzeug in Hochdecker-Auslegung (1955); die US-Air-Force nutzte sie als T-41 für die Pilotenausbildung. Die besser ausgestattete Luxus-Version ist unter dem Namen Skyhawk bekannt geworden. Das aus der Cessna 170B weiterentwickelte Modell wurde bis 1983 gebaut (über 35 000 Einheiten), unter anderem in Frankreich in Lizenz (2144 Einheiten bei Reims Aviation). Seit 1997 wird es, mit moderner Avionik ausgestattet, erneut produziert. Die spektakuläre Landung des Deutschen Mathias Rust 1987 auf dem Roten Platz in Moskau brachte die Cessna Skyhawk weltweit in die Schlagzeilen.

Typ:	Cessna 172
Herkunftsland:	USA
Verwendung:	Sport-/Reiseflugzeug
Spannweite:	10,92 m
Länge:	8,28 m
Antrieb:	1 Continental O 300 C mit 107 kW (145 PS)
max. Startmasse:	1043 kg
Reisegeschwindigkeit:	210 km/h
Reichweite:	960–1100 km
Gipfelhöhe:	4000 m
Passagiere:	3 + 1 Pilot

CriCri MC-15

Typ:	CriCri MC-15
Herkunftsland:	Frankreich
Verwendung:	Ultraleichtflugzeug
Spannweite:	4,90 m
Länge:	3,90 m
Antrieb:	2 Motoren mit je 11 kW (15 PS)
max. Startmasse:	170 kg
Höchstgeschwindigkeit:	220 km/h
Reichweite:	300 km
Gipfelhöhe:	4500 m

Zweimotoriges, einsitziges Ultraleichtflugzeug in Ganzmetallbauweise mit T-Leitwerk (Erstflug der MC-10 am 19.07.1973). Die Maschine ist kunstflugtauglich. Die Propeller wurden beim ersten Modell MC-10 noch von zwei 9-PS-Kettensägenmotoren angetrieben, die tragende Fläche beträgt nur wenig mehr als 3 m^2. Nach vielen Testflügen mit der MC-10 und langjähriger Weiterentwicklung wurde die Version MC-15 gebaut.

Gyroflug SC01 Speed Canard

Einmotoriges, zweisitziges Sportflugzeug in Canard-Ausführung (sogenanntes Entenflugzeug mit auffallenden Stummelflügeln). Die Maschine ist aus glasfaserverstärktem Kunststoff gefertigt. Basis für den Rumpf bildete die Zelle eines Segelflugzeugs. Das Flugzeug wird mittels eines Schubpropellers am Heck angetrieben. Die Winglets an den Tragflächenenden tragen die Seitenruder.

Typ:	Gyroflug SC01 B 160
Herkunftsland:	Deutschland
Verwendung:	Sportflugzeug
Spannweite:	7,70 m
Länge:	5,20 m
Antrieb:	1 Lycoming O-235-P2A mit 88 kW (120 PS)
max. Startmasse:	715 kg
Reisegeschwindigkeit:	270 km/h
Reichweite:	1300–2100 km
Gipfelhöhe:	4000 m
Besatzung:	2

Jakowlew Jak-18

Typ:	Jakowlew Jak-18A
Herkunftsland:	Sowjetunion
Verwendung:	Schul- und Sportflugzeug
Spannweite:	10,60 m
Länge:	8,18 m
Antrieb:	1 Iwtschenko AI-14R mit 194 kW (263 PS)
max. Startmasse:	1316 kg
Höchstgeschwindigkeit:	254 km/h
Reichweite:	1050 km
Gipfelhöhe:	4000 m
Besatzung:	2

Einmotoriges, zweisitziges Schul- und Sportflugzeug (Serienfertigung ab 1947). Bis zur Einstellung der Produktion der „klassischen" Jak-18 Ende 1967 wurden 6760 Einheiten gebaut, zusammen mit der viersitzigen Version Jak-18T (seit 1967) über 8000 Maschinen. Die Jak-18T, seit 1993 in geringen Stückzahlen erneut produziert, wird unter anderem als Trainingsflugzeug eingesetzt.

Klemm Kl 35

Typ:	Klemm Kl 35 D
Herkunftsland:	Deutschland
Verwendung:	Schul- und Sportflugzeug
Spannweite:	10,40 m
Länge:	7,35 m
Antrieb:	1 4-Zylinder-Reihenmotor Hirth HM 504 A mit 77 kW (105 PS)
max. Startmasse:	705 kg
Höchstgeschwindigkeit:	190 km/h
Reichweite:	800 km
Gipfelhöhe:	4600 m
Besatzung:	2

Einmotoriges Schul- und Sportflugzeug (Erstflug 1935). Der freitragende Tiefdecker war voll kunstflugtauglich und wurde nicht nur von Privatleuten und Flugsportvereinen, sondern auch von verschiedenen Luftwaffen als Trainingsflugzeug genutzt. Ab Ausführung D besaß die Maschine ein Dreibeinfahrwerk.

Messerschmitt Bf 108

Einmotoriges Sport- und Reiseflugzeug in Tiefdecker-Auslegung (1934). Mit dieser Maschine stellten die Piloten mehrere Höhen- und Streckenrekorde auf. Anfangs nutzten viele Privatpiloten diese Maschine als Reiseflugzeug, bevor die Luftwaffe einen Großauftrag erteilte. Während des 2. Weltkriegs wurden Bf 108 als Verbindungsflugzeuge oder etwa Umschulungsmaschinen für die Bf 109 verwendet.

Typ:	Messerschmitt Bf 108
Herkunftsland:	Deutschland
Verwendung:	Sport- und Reiseflugzeug
Spannweite:	10,62 m
Länge:	8,30 m
Antrieb:	1 8-Zylinder Argus As 10 C mit 177kW (240 PS) Startleistung
max. Startmasse:	1380 kg
Höchstgeschwindigkeit:	300 km/h
Reichweite:	ca. 950 km
Gipfelhöhe:	5000 m
Passagiere:	3 + 1 Pilot

Piaggio P.148/P.149

Einmotoriges Sportflugzeug, freitragender Ganzmetall-Tiefdecker (Erstflug 12.02.1951), Schulflugzeug für die fliegerische Grundausbildung, aber auch für die Kunstflugeinweisung. Die verbesserte Version P.149 (Erstflug 19.06.1953) war das Standard-Schulflugzeug der Bundesluftwaffe sowie verschiedener anderer Luftstreitkräfte. In Deutschland wurde sie bei Focke Wulf in Lizenz gebaut.

Typ:	Piaggio P.148/P.149
Herkunftsland:	Italien
Verwendung:	Sport- und Schulflugzeug
Spannweite:	11,12 m/11,12 m
Länge:	8,44 m/8,80 m
Antrieb:	1 Lycoming O-435-A mit 142 kW/1 Lycoming GO 480 mit 202 kW
max. Startmasse:	1280 kg/1680 kg
Höchstgeschwindigkeit:	235 km/h/305 km/h
Reichweite:	ca. 925 km/1090 km
Gipfelhöhe:	5000 m/6050 m
Passagiere:	3–4 + 1 Pilot

Pilatus PC-7

Einmotoriges Mehrzweck-Schulflugzeug, ursprünglich mit Kolbentriebwerk (Weiterentwicklung der P-3) entworfen, hob die PC -7 mit Propellerturbine im August 1966 erstmals ab. Die erste Serienmaschine flog 1978. Die Qualitäten des Turboprop-Trainers für das Basistraining, den Instrumenten-, Kunst- und Nachtflug sowie taktisches Training werden bis heute hoch geschätzt.

Typ:	Pilatus PC-7 Mk.II
Herkunftsland:	Schweiz
Verwendung:	Schulflugzeug
Spannweite:	10,19 m
Länge:	10,14 m
Antrieb:	1 Pratt & Whitney PT 6A-25A mit 410 kW (556 PS)
max. Startmasse:	2250 kg
Höchstgeschwindigkeit:	556 km/h
Reichweite:	1500 km
Gipfelhöhe:	7600 m
Passagiere:	1 + 1 Pilot

Piper J3c Cub

Typ:	Piper J3c-65
Herkunftsland:	USA
Verwendung:	Sportflugzeug
Spannweite:	10,74 m
Antrieb:	1 Continental mit 48,5 kW (66 PS)
max. Startmasse:	550 kg
Reisegeschwindigkeit:	115 km/h
Reichweite:	300 km
Gipfelhöhe:	7000 m
Besatzung:	1

Einmotoriges Sportflugzeug in Hochdecker-Auslegung, dessen Ursprünge in die 1930er-Jahre zurückreichen und das ab 1937 in ca. 20 000 Einheiten produziert wurde. Die anfängliche Motorisierung von bescheidenen 30 kW wurde später auf bis über 60 kW gesteigert.

Spirit of St. Louis

Einmotoriges Flugzeug in Schulterdecker-Auslegung und stoffbespannter Stahlrohr- und Holzkonstruktion mit dem Charles Lindbergh am 20./21.05.1927 den Atlantik überquerte. Weil sich der Haupttank vor der Pilotenkanzel befand, konnte Lindbergh, der den Tank im Havariefall nicht im Rücken haben wollte, nur durch ein Periskop nach vorn sehen. Insgesamt konnte die Spirit of St. Louis 1705 Liter Treibstoff tanken – mehr als die Hälfte ihres Gesamtgewichts.

Typ:	Spirit of St. Louis
Herkunftsland:	USA
Verwendung:	Rennflugzeug
Spannweite:	14,00 m
Länge:	8,00 m
Antrieb:	1 Wright Whirlwind J-5C 223hp mit 194 kW (260 PS)
max. Startmasse:	2330 kg
Höchstgeschwindigkeit:	390 km/h
Reichweite:	5808 km
Besatzung:	1

Flugboote, Wasser- und Amphibienflugzeuge

Maldivian Airways

Flugboote, Wasser- und Amphibienflugzeuge

Lange Zeit flogen Amphibienflugzeuge und Flugboote den landgestützten Flugzeugen den Rang ab – zumindest was ihre Größe und ihre Transportkapazität anging. Die riesigen Verkehrsflugboote, eigentlich schon fliegende Schiffe, hatten ihre große Zeit in den 1920er- bis 1940er-Jahren. Wo keine ausgebaute Infrastruktur existiert, aber große Wasserflächen zur Verfügung stehen, bietet sich diese Art des Operierens vom Wasser aus noch heute an, wenn auch nicht mehr für den Luftverkehr der großen Fluggesellschaften.

Berijew Be-42/A-40 Albatros

Zweistrahliges Amphibienflugzeug, Schulterdecker mit gepfeilten Tragflächen (Erstflug von Land 1986, vom Wasser 1987). Die Be-42/A-40 sollte die Be-12 ersetzen und wurde 1990 als größtes Amphibienflugzeug der Welt in Dienst gestellt. Offiziell als ein Such- und Rettungsflugzeug deklariert, konnte die Maschine auch zum Kampf gegen U-Boote gerüstet werden.

Typ:	Berijew Be-42/A-40
Herkunftsland:	Sowjetunion
Verwendung:	Amphibienflugzeug
Spannweite:	41,62 m
Länge:	43,80 m
Antrieb:	2 Solowjow D-30KPW mit je 117 kN (11 930 kp) Schub
max. Startmasse:	86 000 kg
Höchstgeschwindigkeit:	760 km/h
Reichweite:	5500 km
Gipfelhöhe:	8000 m
Besatzung:	8
Bewaffnung:	6500 kg Bomben/ Wasserbomben

Berijew Be-103

Zweimotoriges leichtes Amphibienflugzeug, das als freitragender Tiefdecker ausgelegt ist (Erstflug 15.07.1997). Beim Manövrieren im Wasser stabilisiert der tief liegende Flügel – teilweise getaucht – das Flugzeug. Der einstufige Bootskörper macht die Maschine nur für ruhigere Binnengewässer tauglich. Die Kabine erlaubt den variablen Einsatz als Fracht- oder Passagierflugzeug ebenso wie für den medizinischen Dienst, für Luftbildaufnahmen, Patrouillenflüge und für die Pilotenausbildung.

Typ:	Berijew Be-103
Herkunftsland:	Russland
Verwendung:	Amphibienflugzeug
Spannweite:	12,72 m
Länge:	10,65 m
Antrieb:	2 Teledyne Continental TCM IO-360ES4 mit je 155 kW (210 PS)
max. Startmasse:	2270 kg
Reisegeschwindigkeit:	220 km/h
Reichweite:	max. 1280 km
Gipfelhöhe:	3000 m
Passagiere:	5 oder 2 + 400 kg Fracht oder Ausrüstung + 1 Pilot

Berijew Be-200

Typ:	Berijew Be-200
Herkunftsland:	Russland
Verwendung:	Amphibienflugzeug
Spannweite:	32,78 m
Länge:	32,05 m
Antrieb:	2 Progress D-436TP Turbofans mit je 73,6 kN (7444 kp) Schub
max. Startmasse:	37 200 kg (von Land), 43 000 kg (aus dem Wasser)
Reisegeschwindigkeit:	555–610 km/h
Reichweite:	max. 2760 km
Gipfelhöhe:	1700 m (mit 7,5 t Last) bis 3850 m
Passagiere:	64 (8 t Fracht/ 12 m³ Löschwasser)

Zweistrahliges Amphibienflugzeug in Schulterdecker-Auslegung mit T-Leitwerk (Erstflug 24.09.1998). Neben ihrer Variabilität – Einsatz für den Passagier- und Frachttransport, für den Umweltschutz und zur Seeüberwachung – überzeugte die Be-200 besonders durch ihre Eignung für Löscheinsätze. In der Exportversion für westliche Märkte wird die Maschine mit Rolls-Royce- oder Allison-Triebwerken angeboten.

Boeing 314 Clipper

Viermotoriges Flugboot in Schulterdecker-Auslegung für Langstrecken (Erstflug am 07.06.1938). In den seitlichen Stabilisierungsschwimmern wurde ein Teil des Treibstoffs untergebracht. Der Clipper war eines der größten Flugzeuge seiner Zeit – zwölf Einheiten flogen für Pan American World Airways auf den Atlantik- und Pazifik-Routen; sie waren besonders luxuriös ausgestattet (u. a. mit Speisesalon und Badezimmern). Anstelle der 74 Passagiersitze konnten in der Kabine 40 Schlafkojen für Nachtreisen hergerichtet werden. Während des 2. Weltkriegs wurden die Clipper für militärische Nachschubtransporte genutzt. 1943 reiste US-Präsident Roosevelt mit einer Boeing 314 (NC-18605 Dixie Clipper) zur Casablanca-Konferenz.

Typ:	Boeing 314
Herkunftsland:	USA
Verwendung:	Flugboot
Spannweite:	46,33 m
Länge:	32,31 m
Antrieb:	4 Wright GR-2600 Twin Cyclone mit je 1192 kW (1600 PS)
max. Startmasse:	37 422 kg
Reisegeschwindigkeit:	296 km/h
Reichweite:	5600 km
Gipfelhöhe:	13 700 m
Passagiere:	74

Canadair CL 415

Typ:	Canadair CL 415
Herkunftsland:	Kanada
Verwendung:	Amphibienflugzeug
Spannweite:	28,61 m
Länge:	19,82 m
Antrieb:	2 Pratt & Whitney Canada PW123AF Propellerturbinen je 1750 kW (2380 PS)
max. Startmasse:	19 800 kg (von Land), 17 100 kg (aus dem Wasser)
Reisegeschwindigkeit:	287 km/h
Reichweite:	max. 2427 km
Gipfelhöhe:	9750 m
Passagiere:	bis 30 (oder 4790 kg Fracht oder 6120 l Löschwasser) + 2 Besatzung

Zweimotoriges Amphibienflugzeug mit Turboprop-Antrieb (Erstflug 06.12.1993). Die Maschine ist für Löscheinsätze bei Waldbränden optimiert. Für das Auffüllen der Tanks im Wasser benötigt sie nur zwölf Sekunden. Sie fliegt auch als Patrouillenflugzeug. Die Version CL 415 M dient dem Passagier- und Frachttransport. Die CL 415 ist derzeit weltweit das einzige große Amphibienflugzeug.

Caproni Ca-60

Achtmotoriges Flugboot in dreifacher Dreidecker-Auslegung (Erstflug 04.03.1921). Die drei Dreidecker-Flügelpaare auf dem Rumpf hatten 836 m² Flügelfläche (doppelt so viel wie eine B-52). Mit acht Motoren, je vier mit Druck- und Zugpro-pellern, hob die Maschine nur einmal kurz ab und stürzte aus 20 Metern Höhe in den Lago Maggiore.

Typ:	Caproni Ca-60
Herkunftsland:	Italien
Verwendung:	Flugboot
Spannweite:	30,50 m
Länge:	23,45 m
Antrieb:	8 Liberty L-12 mit je 293 kW (400 PS)
max. Startmasse:	25 000 kg
Höchstgeschwindigkeit:	112 km/h
Reichweite:	660 km
Passagiere:	60–100 + 8 Besatzung

Consolidated PBY Catalina

Zweimotoriges Amphibienflugzeug in Hochdecker-Auslegung mit zwei Stützschwimmern (Erstflug 1935). Der Seeaufklärer diente im 2. Weltkrieg u.a. der Sicherung von Geleitzügen und konnte 24 Stunden in der Luft bleiben. Mit über 3300 Exemplaren das meistgebaute Amphibienflugzeug.

Typ:	Consolidated PBY 5 A
Herkunftsland:	USA
Verwendung:	Amphibienflugzeug
Spannweite:	31,70 m
Länge:	19,47 m
Antrieb:	2 14-Zylinder Pratt & Whitney R-1930-92 mit je 895 kW (1217 PS)
max. Startmasse:	16 063 kg
Höchstgeschwindigkeit:	288 km/h
Reichweite:	4096 km
Gipfelhöhe:	4481 m
Besatzung:	7– 9

Convair F2Y Sea Dart

Typ:	Convair XF2Y-1
Herkunftsland:	USA
Verwendung:	Wasserflugzeug
Spannweite:	10,26 m
Länge:	16,03 m
Antrieb:	2 Turbojets Westinghouse J46-WE-2 mit je 26,7 kN (2719 kp) Schub
max. Startmasse:	7495 kg
Höchstgeschwindigkeit:	1118 km/h
Reichweite:	825 km
Gipfelhöhe:	16 700 m
Besatzung:	1

Zweistrahliges Wasserflugzeug, Mitteldecker mit Deltaflügeln (Erstflug 09.04.1953). Die Sea Dart wurde 1948 aus einem Wettbewerb für einen Überschall-Marine-Abfangjäger heraus entwickelt. Sie wurde aber nie als Serienmodell produziert, sondern als Experimentalflugzeug angesehen; das Projekt wurde nach diversen Prototypen 1957 endgültig eingestellt.

Dornier Do X

Zwölfmotoriges Verkehrsflugschiff (Erstflug 12.07.1929). Die Do X war ihrerzeit das bei weitem größte Flugzeug der Welt. Am 05.11.1930 brach die Do X zu einem weltumrundenden Repräsentationsflug auf, der bis zum 24.05.1932 dauerte. Wirtschaftlich war die Do X ein Misserfolg. Nur drei Maschinen wurden gebaut, zwei davon für Italien. Die deutsche Do X verlor bei einer Landung am 09.05.1933 das Leitwerk, wurde demontiert und nicht wieder aufgebaut. Das Schicksal der italienischen Maschinen ist ungeklärt.

Typ:	Dornier Do X
Herkunftsland:	Deutschland
Verwendung:	Passagierflugschiff
Spannweite:	48,05 m
Länge:	40,05 m
max. Startmasse:	56 000 kg
Reisegeschwindigkeit:	190 km/h
Antrieb:	12 V-12-Zylinder Curtiss GV-1750 Conqueror mit je 485 kW (660 PS) Startleistung
Reichweite:	1700–2800 km
Gipfelhöhe:	3200 m
Passagiere:	66–100

Dornier Do 24

Typ:	Dornier Do 24 ATT
Herkunftsland:	Deutschland
Verwendung:	Flugboot
Spannweite:	27,27 m
Länge:	21,95 m
Antrieb:	3 Pratt & Whitney Canada PT6A-45 mit je 827 kW (1125 PS)
max. Startmasse:	14 000 kg (von Land), 12 000 kg (aus dem Wasser)
Höchstgeschwindigkeit:	343 km/h

Dreimotoriges Flugboot, das während des 2. Weltkriegs zur Seeaufklärung und zur Seenotrettung eingesetzt wurde (Erstflug 05.07. 1937). 1982 baute man eine Do 24 zur Do 24 ATT („Amphibischer Technologie Träger") um (siehe Abb.) und versah sie mit neuen Tragflächen, Turboprop-Triebwerken und einziehbarem Landfahrgestell.

Grumman JF/J2F Duck

Einmotoriges Amphibienflugzeug (Erstflug des Prototyps XJF-1 am 25.04.1933). Das Flugzeug gehörte während der 30er-Jahre und während des 2. Weltkriegs zu den sogenannten Arbeitspferden im Militärdienst. Die letzte Version J2F wurde seit 1936 gefertigt. Der auffallende, wie ein Schuh geformte Schwimmer verhalf der Maschine zu ihrem Spitznamen.

Typ:	Grumman J2F
Herkunftsland:	USA
Verwendung:	Amphibienflugzeug
Spannweite:	11,90 m
Länge:	10,40 m
Antrieb:	1 Wright 1820-54 Cyclone mit 783 kW (1064 PS)
max. Startmasse:	3320 kg
Höchstgeschwindigkeit:	305 km/h
Reichweite:	2400 km
Gipfelhöhe:	7850 m
Besatzung:	2

Hughes H-4 Hercules

Typ:	Hughes H-4
Herkunftsland:	USA
Verwendung:	Transportflugboot
Spannweite:	97,51 m
Länge:	66,74 m
Antrieb:	8 Pratt & Whitney R4360-4A 28-Zylinder-Vierreihen-Sternmotoren je 2240 kW (3040 PS)
max. Startmasse:	181 500 kg
Höchstgeschwindigkeit:	378 km/h (geplant)
Reichweite:	4827 km (geplant)
Gipfelhöhe:	6370 m (geplant)
Passagiere:	bis 750 + 18 Besatzung

Achtmotoriges Transportflugboot in Holzbauweise, das zwischen 1942 und 1947 entwickelt und gebaut wurde („Erstflug" 02.11.1947). Die Hughes H-4 Hercules gilt bis heute als die Maschine mit der größten Spannweite und Flügelfläche (1061,80 m^2) aller jemals gebauten Luftfahrzeuge. Die US-Navy schrieb 1942 einen Wettbewerb für ein Transportflugboot aus, mit dem amerikanische Soldaten schnell nach Europa gebracht werden konnten. „Kriegswichtige Werkstoffe" durften dabei nicht verwendet werden. So baute man das Flugboot im Wesentlichen aus Birkenholz. Die Maschine kam für ihren Einsatzzweck zu spät. Weil das Flugboot beim ersten und einzigen Flug im Bereich des Bodeneffekts blieb, bezweifeln Kritiker bis heute die Flugtauglichkeit des Musters.

Junkers Ju 46

Einmotoriges, katapultstartfähiges Wasserflugzeug in Tiefdecker-Auslegung, das als hochseetaugliche Version der Junkers W 34 entwickelt wurde (Auslieferung Serienmuster 1932). Das Flugzeug ersetzte die Heinkel He 58 als Bordflugzeug. Auf den Dampfern Bremen und Europa war jeweils ein Druckluftkatapult eingebaut worden, mit dem die Ju 46 mit 110 km/h Startgeschwindigkeit gestartet wurde. Gegenüber der W 34 wies die Ju 46 bei sonst gleichartiger Struktur ein vergrößertes Leitwerk auf. Damit wurden die Langsamflugeigenschaften nach dem Katapultstart und die Steuerbarkeit verbessert. Die Rümpfe der Maschinen waren mit roter Signalfarbe lackiert, um die Seerettung nach einer eventuell eintretenden Notwasserung zu erleichtern.

Typ:	Ju 46
Herkunftsland:	Deutschland
Verwendung:	Seeflugzeug, Transportflugzeug
Länge:	11,60 m
Spannweite:	18,00 m
Antrieb:	1 Sternmotor BMW-Hornet-C mit 441 kW (600 PS)
max. Startmasse:	3200 kg
Höchstgeschwindigkeit:	230 km/h
Reichweite:	2000 km
Gipfelhöhe:	4250 m
Besatzung:	2

Martin Mars

Viermotoriges Flugboot für zivile und militärische Anwendungen (Erstflug 23.06.1942). Die Maschine trug bis 15,8 Tonnen Fracht, die Version JRM II sogar bis 31 Tonnen. Bei einem Rekordflug beförderte die M 170 JRM II 263 Personen. Die Martin Mars war das weltweit größte Flugboot, das in Serienfertigung ging. Noch heute werden zwei umgebaute Martin Mars in Kanada zur Waldbrandbekämpfung eingesetzt.

Typ:	Martin M 170
Herkunftsland:	USA
Verwendung:	Transportflugboot
Spannweite:	61,00 m
Länge:	35,70 m
Antrieb:	4 Pratt & Whitney R-4360-4T Wasp Major je 2240 kW (3045 PS)
max. Startmasse:	74 800 kg
Höchstgeschwindigkeit:	350 km/h
Reichweite:	8000 km
Gipfelhöhe:	4450 m
Besatzung:	4

Martin P5M Marlin

Zweimotoriges schweres Amphibienflugzeug in Schulterdecker-Auslegung (Erstflug 30.05.1948). Die Serienfertigung (1366 Stück) begann 1951. Die Maschine wurde von der Navy (u. a. zur U-Boot-Abwehr) und der Coast Guard eingesetzt, flog aber auch für die französische Marine, wo sie die Sunderlands ersetzte. Die letzte Version SP-5 wurde von der US-Navy noch in Vietnam eingesetzt.

Typ:	Martin P5M-2S (SP-5B)
Herkunftsland:	USA
Verwendung:	Patrouillen- und Bombenflugzeug
Spannweite:	36,00 m
Länge:	30,60 m
Antrieb:	2 Wright R-3350-30WA je 2423 kW (3295 PS)
max. Startmasse:	38 550 kg
Höchstgeschwindigkeit:	400 km/h
Reichweite:	5000 km
Gipfelhöhe:	7300 m
Besatzung:	8

T-325

SWISS
AIR
FORCE

Hubschrauber

Der Hubschrauber (oder Helikopter) ist vielleicht das komplizierteste Luftfahrzeug, das die Menschheit erfunden hat. Das Wort Helikopter ist zusammengesetzt aus den griechischen Wörtern für Spirale (helix) und Flügel (pterion). Schon Leonardo da Vinci erdachte ein Fluggerät, dessen Auftrieb mittels eines spiralförmigen Drehflügels erzeugt werden sollte. Wirklich praktische Bedeutung gewann der Hubschrauber seit dem Zweiten Weltkrieg. Zivile und militärische Einsatzmöglichkeiten eröffneten sich überall dort, wo Senkrechtstarts und -landungen unumgänglich, Schwebeflug- und besondere Manövrierfähigkeit erwünscht waren.

Aerospatiale SA.330 Puma

Französischer Mehrzweckhubschrauber (Erstflug 15.04.1965). Der Entwurf ging auf die Spezifikation des französischen Militärs für einen mittleren, allwettertauglichen Transporthubschrauber zurück. Die Entwicklung verschiedener ziviler und militärischer Versionen erfolgte gemeinsam mit der britischen Firma Westland, mit der auch eine Produktions-Kooperation bestand.

Typ:	Aerospatiale SA.330L
Herkunftsland:	Frankreich
Verwendung:	Mehrzweckhubschrauber
Rotordurchmesser:	15,08 m
Gesamtlänge:	18,15 m
Antrieb:	2 Turboméca Turmo IVC A je 1158 kW (1575 PS)
max. Startmasse:	7400 kg
Höchstgeschwindigkeit:	260 km/h
Reichweite:	550 km
Gipfelhöhe:	4800 m
Passagiere:	18 Soldaten (oder 300 kg Fracht) + 2 Besatzung

Aerospatiale SA.315 Lama

Typ:	Aerospatiale SA.315 B
Herkunftsland:	Frankreich
Verwendung:	Mehrzweck-hubschrauber
Rotordurchmesser:	11,02 m
Gesamtlänge:	12,90 m
Antrieb:	1 Turboméca Artouste IIIB mit je 648 kW (878 PS)
max. Startmasse:	2300 kg
Höchstgeschwindigkeit:	192 km/h
Reichweite:	500 km
Gipfelhöhe:	12 442 m
Passagiere:	3 + 2 Besatzung

Leichter Mehrzweckhubschrauber mit Dreiblattrotor und vergittertem Ausleger mit Ausgleichsrotor (Erstflug 17.03.1969): entwickelt nach einer Spezifikation der indischen Luftstreitkräfte, vereinte er die verstärkte Zelle eines Alouette II mit dem Antriebssystem eines Alouette III. Er ist für Verbindungs-, Beobachtungs- und Landwirtschaftsflüge, Krankentransport und Kranarbeiten geeignet.

Aerospatiale AS.532 Super Puma

Mittelschwerer Transport- und Mehrzweckhubschrauber. Der Hubschrauber kann anstelle der Insassen oder Zuladung auch 4500 kg Außenlast befördern. Die weiter verbesserte Version Super Puma MK 2+ von Eurocopter flog am 30.11.2000 zum ersten Mal.

Typ:	Aeropatiale/Eurocopter AS.532 Mk 2
Herkunftsland:	Frankreich
Verwendung:	Mehrzweckhubschrauber
Rotordurchmesser:	16,20 m
Rumpflänge:	16,79 m
Antrieb:	2 Turboméca Makila 1 A2 je 1561 kW (2120 PS)
max. Startmasse:	10 000 kg
Höchstgeschwindigkeit:	327 km/h
Reichweite:	830 km
Gipfelhöhe:	4000 m
Passagiere:	21 + 2 Besatzung

Aerospatiale AS.565 Panther

Typ:	Aerospatiale AS.565
Herkunftsland:	Frankreich
Verwendung:	Mehrzweckhubschauber
Spannweite:	10,00 m
Rotordurchmesser:	7,93 m
Gesamtlänge:	13,73 m
Antrieb:	2 Turboméca Arriel 2C mit je 625 kW (850 PS)
max. Startmasse:	7260 kg
Höchstgeschwindigkeit:	510 km/h
Reichweite:	1390 km
Gipfelhöhe:	7625 m
Passagiere:	9 + 2 Besatzung

Mittelschwerer Mehrzweckhubschrauber, militärische Version des AS.365 N Dauphin (Erstflug Zivilversion 31.03.1979); für verschiedene Einsatzzwecke des Heeres, der Luftwaffe und der Marine weiterentwickelt. Neben dem Transport von bis zu neun voll ausgerüsteten Soldaten kann er Aufgaben der Seenotrettung sowie der U-Boot-Abwehr und Schiffsbekämpfung übernehmen.

Bell 204/205 (UH-1)

Mittelschwerer Transporthubschrauber mit Zweiblattrotor (Erstflug Prototyp am 22.10.1956); zunächst zur Modellreihe 204 und schließlich zur leicht vergrößerten Modellreihe 205 (Erstflug 16.08.1961) entwickelt. Der Hubschrauber wurde von vielen Streitkräften für Sicherungs-, Transport- und Rettungsaufgaben eingesetzt.

Typ:	Bell 205/UH-1D
Herkunftsland:	USA
Verwendung:	Transporthubschrauber
Rotordurchmesser:	14,63 m
Rumpflänge:	12,69 m
Antrieb:	1 Avco-Lycoming T53L-13W mit 1044 kW (1420 PS)
max. Startmasse:	4315 kg
Höchstgeschwindigkeit:	222 km/h
Reichweite:	510 km
Gipfelhöhe:	6100 m
Passagiere:	14 + 2 Besatzung

Bell AH-1 Cobra

Mittelschwerer Kampfhubschrauber mit Zweiblattrotor, der aus dem Modell Bell 209 in zahlreichen Modifikationen entwickelt wurde (Erstflug Prototyp 07.09.1965). Die Erfahrungen des Vietnamkriegs verlangten nach einem speziellen Angriffshubschrauber, nachdem sich zu „Gunships" aufgerüstete Transporthubschrauber als unzureichend erwiesen hatten. Hinter dem Tandemcockpit befinden sich auffallende seitliche Lufteinläufe, darunter Stummelflügel, die Waffenbehälter tragen. Maschinenwaffen sind in einer Kinnlafette montiert.

Typ:	Bell AH-1S
Herkunftsland:	USA
Verwendung:	Kampfhubschrauber
Rotordurchmesser:	13,41 m
Rumpflänge:	13,59 m
Antrieb:	1 Avco Lycoming T53-703 Wellenturbine mit 1342 kW (1824 PS)
max. Startmasse:	4535 kg
Höchstgeschwindigkeit:	315 km/h
Einsatzradius:	507 km
Gipfelhöhe:	3720 m
Besatzung:	2

Bell/Boeing V-22 Osprey

Typ:	Bell/Boeing V-22
Herkunftsland:	USA
Verwendung:	Kipprotorflugzeug
Spannweite:	13,97 m
Rotordurchmesser:	11,58 m
Rumpflänge:	17,48 m
Antrieb:	2 Rolls-Royce AE 1107C-Liberty mit je 4586 kW (6235 PS) an schwenkbaren Gondeln
max. Startmasse:	23 495 kg (für VTOL)
Höchstgeschwindigkeit:	510 km/h
Reichweite:	1182 km
Gipfelhöhe:	7925 m
Passagiere:	24 Soldaten + 2 Besatzung

Zweimotoriges Kipprotorflugzeug für militärische Anwendungen mit Doppelleitwerk und Triebwerken in drehbaren Gondeln an den Tragflächenenden (Erstflug Prototyp 19.03.1989). Das Flugzeug besitzt VTOL-Eigenschaften; es kann wie ein Hubschrauber starten und mit um 90° geschwenkten Rotoren wie ein Flugzeug weiterfliegen. Die kritische Phase ist dabei der Übergang vom Schwebeflug zum Horizontalflug. Nach einer längeren Erprobungszeit ist Ende 2005 die Serienproduktion der Versionen für USAF, Navy und Marinekorps angelaufen.

Boeing-Vertol CH-21 Shawnee

Typ:	Boeing-Vertol CH-21
Herkunftsland:	USA
Verwendung:	Transporthubschrauber
Rotordurchmesser:	13,41 m
Rumpflänge:	16,03 m
Antrieb:	1 Wright R-1820-103 mit 1063 kW (1445 PS)
max. Startmasse:	4640 kg
Höchstgeschwindigkeit:	212 km/h
Reichweite:	640 km
Gipfelhöhe:	5850 m
Passagiere:	22 Soldaten oder 12 Tragen + 2 Besatzung

Mittelschwerer, einmotoriger Transporthubschrauber mit zwei Dreiblatt-Hauptrotoren in Tandemanordnung (Erstflug April 1952). In der USAF wurde er als H-21 Workhorse bezeichnet. Er flog auch in Kanada, Frankreich und Deutschland. Seine eigentümliche Rumpfform brachte ihm den bekannten Spitznamen „Fliegende Banane" ein.

Eurocopter MBB Bo-105

Leichter, zweimotoriger Mehrzweckhubschrauber mit Vierblattrotor für zivile und militärische Anwendungen (Erstflug am 16.02.1967). Im Laufe der Bauzeit (seit 1972 in Serie) wurde der Hubschrauber vielen Veränderungen und Verbesserungen unterzogen. Die militärische Version wurde in Deutschland als Panzerabwehrhubschrauber 1 (PAH-1) entwickelt.

Typ:	Eurocopter MBB Bo-105
Herkunftsland:	EU
Verwendung:	Mehrzweckhubschrauber
Rotordurchmesser:	9,84 m
Rumpflänge:	8,81 m
Antrieb:	2 Allison 250C-20B Turbinen mit je 309 kW (420 PS)
max. Startmasse:	2500 kg
Höchstgeschwindigkeit:	270 km/h
Reichweite:	590 km
Gipfelhöhe:	5180 m
Passagiere:	3 + 2 Besatzung

Eurocopter EC-225

Typ:	Eurocopter EC-225
Herkunftsland:	EU
Verwendung:	Mehrzweck-hubschrauber
Rotordurchmesser:	15,60 m
Gesamtlänge:	16,29 m
Antrieb:	2 Turboméca Makila 2A je 1798 kW (2411 WPS)
max. Startmasse:	11 000 kg
Reisegeschwindigkeit:	282 km/h
Reichweite:	819 km
Gipfelhöhe:	5900 m
Passagiere:	24 + 2 Besatzung

Mittelschwerer Mehrzweckhubschrauber für zivile Anwendungen mit Fünfblatt-Hauptrotor (Erstflug 27.11. 2000). Die Weiterentwicklung innerhalb der Puma/ Cougar-Familie verfügt über ein Enteisungssystem und einen Vereisungsschutz. Er ist als VIP-Transporter und im Offshore-Einsatz anzutreffen.

Eurocopter EC-635

Leichter, zweimotoriger Mehrzweckhubschrauber für militärische Anwendungen; militärische Version des Eurocopter EC-135. Der Hubschrauber dient zum Personen- und Frachttransport, für Rettungs- und Aufklärungsmissionen und für die Ausbildung. Er kann mit Turboméca Arrius 2B2 (EC-635T2) oder auch mit Pratt & Whitney PW206 B2 (EC-635P2) geliefert werden.

Typ:	Eurocopter EC-635T2
Herkunftsland:	EU
Verwendung:	Mehrzweckhubschrauber
Rotordurchmesser:	21,10 m
Gesamtlänge:	19,95 m
Antrieb:	2 Turboméca Arrius 2B2 mit 609 kW (828 PS) Notleistung
max. Startmasse:	2835 kg
Höchstgeschwindigkeit:	259 km/h
Reichweite:	610 km
Gipfelhöhe:	3045 m
Passagiere:	7 + 1 Pilot

Jakowlew Jak-24

Typ:	Jakowlew Jak-24
Herkunftsland:	Sowjetunion
Verwendung:	Transporthubschrauber
Rotordurchmesser:	21,00 m
Rumpflänge:	21,30 m
Antrieb:	2 Schwezow ASch-82 W je 1250 kW (1700 PS)
max. Startmasse:	17 000 kg
Höchstgeschwindigkeit:	210 km/h
Reichweite:	1000 km
Gipfelhöhe:	5500 m
Passagiere:	37 + 2–3 Besatzung

Zweimototriger, schwerer Transporthubschrauber mit zwei Hauptrotoren; der Rumpf wurde anfangs mit stoffbespanntem Mittelstück, später in Ganzmetallbauweise mit rechteckigem Querschnitt ausgeführt (Erstflug 03.07.1952). Die militärische Version war mit einem MG am Bug bewaffnet. Insgesamt wurden 48 Einheiten in allen Versionen gebaut.

Mil Mi-6

Schwerer, zweimotoriger Transporthubschrauber mit Fünfblattrotor für zivile und militärische Anwendungen (Erstflug Herbst 1957). Der erste Hubschrauber mit zwei Turbinen und der erste, der schneller als 300 km/h flog. Einige Versionen besaßen Stummelflügel (siehe Abb.), die ca. 20 % des Auftriebs realisierten. Die Mi-6 standen u. a. bei der Aeroflot als Frachttransporter für 12 000 kg Zuladung im Dienst. Neben der normalen Version für 65 Passagiere konnte auch ein Sanitätshubschrauber mit 41 Krankentragen und ein Löschhubschrauber geliefert werden. Als Kranhubschrauber hob er 9000 kg Anhängelast.

Typ:	Mil Mi-6
Herkunftsland:	Sowjetunion
Verwendung:	Mehrzweckhubschrauber
Rotordurchmesser:	35,00 m
Gesamtlänge:	42,74 m
Antrieb:	2 Turbinen Solowjow D 25W je 4045 kW (5500 PS)
max. Startmasse:	42 500 kg
Reisegeschwindigkeit:	300 km/h
Reichweite:	620–1000 km
Gipfelhöhe:	4400 m
Passagiere:	65–70 + 5 Besatzung

Mil Mi-8

Typ:	Mil Mi-8 T
Herkunftsland:	Sowjetunion
Verwendung:	Mehrzweckhubschrauber
Rotordurchmesser:	21,91 m
Rumpflänge:	18,17 m
Antrieb:	2 Turbinen Isotow TW2-117 je 1250 kW (1700 PS)
max. Startmasse:	12 000 kg
Höchstgeschwindigkeit:	250 km/h
Reichweite:	495 km
Gipfelhöhe:	4000 m
Passagiere:	24 + 2–3 Besatzung

Mittelschwerer, zweimotoriger Mehrzweckhubschrauber mit Fünfblattrotor für zivile und militärische Anwendungen (Erstflug 24.06.1961). Der Hubschrauber wurde als turbinenmotorisiertes Nachfolgemodell für den Mi-4 entwickelt. Obwohl kaum größer als die Mi-4, kann er nahezu das Doppelte an Fracht oder Passagieren befördern. Zahlreiche Bauteile des Mi-4 wurden unverändert übernommen.

Mil Mi-26

Schwerer, zweimotoriger Lastenhubschrauber mit Achtblattrotor (Erstflug 14.12. 1977); gilt als derzeit größter Serienhubschrauber der Welt. Der Hubschrauber ist mit moderner Avionik ausgestattet und allwettertauglich, damit ist er auch unter extremen klimatischen Bedingungen einsetzbar. Er kann schwere Lasten auch über größere Entfernungen transportieren.

Typ:	Mil Mi-26
Herkunftsland:	Sowjetunion
Verwendung:	Transporthubschrauber
Rotordurchmesser:	32,00 m
Rumpflänge:	33,73 m
Antrieb:	2 Turbinen Lotarew D-136 je 8273 kW (11 250 WPS)
max. Startmasse:	56 000 kg
Reisegeschwindigkeit:	255 km/h
Reichweite:	800 km
Gipfelhöhe:	4600 m
Passagiere:	85 + 5 Besatzung

Sikorsky H-5 (R-5) Dragon Fly

Typ:	Sikorsky H-5B (R-5B)
Herkunftsland:	USA
Verwendung:	Mehrzweck-hubschrauber
Rotordurchmesser:	14,94 m
Gesamtlänge:	17,40 m
Antrieb:	1 Pratt & Whitney R-985-AN mit 336 kW (457 PS)
max. Startmasse:	2190 kg
Höchstgeschwindigkeit:	145 km/h
Reichweite:	450 km
Gipfelhöhe:	4390 m
Besatzung:	2

Leichter, einmotoriger Mehrzweckhubschrauber mit Dreiblattrotor (Erstflug 18.08.1943). Der Hubschrauber, zunächst auch R-5 genannt, wurde im Koreakrieg eingesetzt, um hinter den gegnerischen Linien abgeschossene Piloten zu bergen. Verschiedene Ausführungen für USAF, die U.S. Navy und U.S. Coast Guard wurden gefertigt. Der Hubschrauber wurde zum viersitzigen S-51 weiterentwickelt.

Sikorsky S-67

Mittelschwerer, zweimotoriger Kampfhubschrauber mit Fünfblattrotor für hohe Geschwindigkeiten (Erstflug Prototyp 20.08.1970). Obwohl der Entwurf dem Konkurrenzentwurf AH-56 Cheyenne von Lockheed unterlegen war, entwickelte Sikorsky den Hubschrauber weiter, der Ende 1970 zweimal nacheinander den Geschwindigkeitsrekord (348,971 und 355,485 km/h) errang. Nach einem Unfall bei einer Flugschau wurde jedoch das Projekt 1976 eingestellt.

Typ:	Sikorsky S-67
Herkunftsland:	USA
Verwendung:	Kampfhubschrauber
Rotordurchmesser:	18,90 m
Rumpflänge:	19,56 m
Antrieb:	2 General Electric T-58 GE-5-Turbinen je 1103 kW (1500 PS)
max. Startmasse:	11 067 kg
Höchstgeschwindigkeit:	355 km/h
Reichweite:	354 km
Zuladung:	6 Soldaten, 4312 kg Waffenlast

Sikorsky UH-60 Black Hawk

Mittelschwerer, zweimotoriger Mehrzweckhubschrauber mit Vierblattrotor für militärische Anwendungen (Erstflug Prototyp am 17.10.1974). Der Hubschrauber wurde in zahlreichen Versionen gefertigt. SH-60F Sea Hawk z. B. ist die trägergestützte Version für die US Navy, die den SH-3 Sea King ersetzen sollte. Eine Spezialentwicklung mit vergrößerter Reichweite ist der HH-60G Pave Hawk, den USAF und US-Navy als Rettungshubschrauber verwenden. Die Hecksektion und die Rotorblätter sind einklappbar; so kann der Hubschrauber komplett in einer C-5 Galaxy transportiert werden.

Typ:	Sikorsky S-70/UH-60
Herkunftsland:	USA
Verwendung:	Mehrzweck-hubschrauber
Rotordurchmesser:	16,36 m
Rumpflänge:	15,26 m
Antrieb:	2 Turbinen General Electric T700-GE-701C je 1444 kW (1960 PS)
max. Startmasse:	9980 kg
Höchstgeschwindigkeit:	296 km/h
Reichweite:	550 km
Gipfelhöhe:	6200 m
Passagiere:	11–20 + 2 Besatzung

Sikorsky RAH-66 Comanche

Zweimotoriger Aufklärungs- und Kampfhubschrauber (Erstflug Dezember 1995); für die US-Army seit 1983 als Ersatz für den Typ OH-58 Kiowa Warrior entwickelt. Der Comanche ist etwas kleiner und leichter als der Angriffshubschrauber Apache. Beim Bau des Rumpfes wurden Verbundwerkstoffe und Stealth-Technologien eingesetzt. Im Jahr 2004 wurde das Programm vor Aufnahme der Serienfertigung gestoppt.

Typ:	Sikorsky RAH-66
Herkunftsland:	USA
Verwendung:	Aufklärungs- und Kampfhubschrauber
Rotordurchmesser:	11,90 m
Rumpflänge:	13,22 m
Antrieb:	2 LHTEC T800 Wellenturbinen je 2004 kW (2688 PS)
max. Startmasse:	7790 kg
Höchstgeschwindigkeit:	365 km/h
Reichweite:	2335 km
Besatzung:	2

Bombenflugzeuge von A–Z

Bombenflugzeuge

Mittels Luftfahrzeugen ist man in der Lage, auch weit hinter den feindlichen Linien militärische Schläge auszuführen. Doch noch zu Beginn des Ersten Weltkriegs war man sich nicht sicher, was man Flugzeugen tatsächlich zumuten konnte. Das Luftschiff hingegen schien sich als Träger großer Bombenlasten bestens zu eignen. Diese Auffassung änderte sich, als die deutschen Luftschiffe über Großbritannien schwere Verluste erlitten. Alle Kriegsparteien bauten immer größere und schwerere Bombenflugzeuge, um militärische Ziele, aber auch Infrastrukturen im Hinterland zu treffen. Bomber wenden ihre Waffen nicht nur gegen Waffen und Waffenträger, sondern auch gegen die Waffenschmieden – und gegen die Schmiede und ihre Familien. Die Einsatzdoktrin änderte sich seitdem so häufig wie der Charakter des Luftkriegs, wie an vielen der folgenden Beispiele abzulesen ist.

Avro 683 Lancaster

Viermotoriges Bombenflugzeug in Mitteldecker-Auslegung, aus dem Manchester-Projekt hervorgegangen (Erstflug Prototyp 09.01.1941). Maschinen dieses Typs waren seit 1942 für spezielle Bombenmissionen und vor allem Nachtangriffe auf deutsche Städte im Einsatz. Im Laufe des 2. Weltkriegs warfen die Lancaster insgesamt über 600 000 Tonnen Bomben ab.

Typ:	Avro 683 Lancaster I
Herkunftsland:	Großbritannien
Verwendung:	Bombenflugzeug
Spannweite:	31,09 m
Länge:	21,13 m
Antrieb:	4 Rolls-Royce Merlin 24s mit 955 kW (1298 PS)
max. Startmasse:	24 000 kg
Höchstgeschwindigkeit:	462 km/h
Einsatzreichweite:	2670 km
Gipfelhöhe:	7470 m
Besatzung:	7
Bewaffnung:	8–10 MG 7,7 mm, bis zu 6350 kg Bombenlast

Avro 698 Vulcan

Typ:	Avro 698 Vulcan B 1
Herkunftsland:	Großbritannien
Verwendung:	Bombenflugzeug
Spannweite:	30,20 m
Länge:	29,62 m
Antrieb:	4 Turbojets Bristol Siddeley Olympus 101 je 195 kN (19 884 kp)
max. Startmasse:	77 100 kg
Höchstgeschwindigkeit:	1040 km/h
Reichweite:	4800 km
Gipfelhöhe:	16 750 m
Besatzung:	5
Bewaffnung:	bis zu 9500 kg Waffen

Vierstrahliges britisches Bombenflugzeug in Mitteldecker-Auslegung mit Deltaflügeln (Erstflug Prototyp 03.08.1952). Die Vulcan gehörte mit Victor und Valiant zur sogenannten V-Bomber-Flotte der atomaren Abschreckung. Geschwindigkeit, Reichweite und Flughöhe wurden durch fehlende Defensivbewaffnung erkauft. Die Vulcan kam als konventioneller Bomber noch im Falkland-Krieg zum Einsatz.

Boeing B-17 Flying Fortress

Viermotoriges Bombenflugzeug in Mitteldecker-Auslegung (Erstflug Prototyp 28.07.1935). Seinen ersten Kampfeinsatz hatte es 1941; es wurde rasch zum wichtigsten US-Bomber des 2. Weltkriegs. Die Flying Fortress verfügte über eine starke Abwehrbewaffnung und konnte schwerste Beschädigungen aushalten. Gegen frontale Jägerangriffe wurde seit 1942 auch noch ein Kinnturm eingebaut.

Typ:	Boeing B-17
Herkunftsland:	USA
Verwendung:	Bombenflugzeug
Spannweite:	31,67 m
Länge:	22,83 m
Antrieb:	4 Wright R-1820-97 mit je 640 kW (870 PS)
max. Startmasse:	29 484 kg
Höchstgeschwindigkeit:	462 km/h
Reichweite:	6035 km
Gipfelhöhe:	10 850 m
Besatzung:	9
Bewaffnung:	bis zu 13 MG, 4354 kg Bombenlast

Boeing B-52 Stratofortress

Typ:	Boeing B-52 G
Herkunftsland:	USA
Verwendung:	Strategischer Langstreckenbomber
Spannweite:	56,39 m
Länge:	48,03 m
Antrieb:	8 Pratt & Whitney J57-P-43-W je 56,9 kN (5080 kp) Standschub
max. Startmasse:	221 357 kg
Höchstgeschwindigkeit:	952 km/h
Reichweite:	ca. 14 000 km
Gipfelhöhe:	15 150 m
Besatzung:	6
Bewaffnung:	4 MG 12,7 mm, bis zu 22 680 kg Waffenlast

Achtstrahliges strategisches Bombenflugzeug, Schulterdecker mit gepfeilten Tragflächen in leicht negativer V-Stellung (Erstflug 15.04.1952). Die B-52 geht auf einen Anforderungskatalog der USAAF von 1945 zurück. Strategische Bomber sollten unabhängig von Stützpunkten im Ausland operieren können. Außerdem wurden Luft-Betankungsmöglichkeiten eingerichtet. Das Flügelprofil ist so dünn, dass das Hauptfahrwerk im Flugzeugrumpf untergebracht ist.

Consolidated B-24 Liberator

Viermotoriges Bombenflugzeug in Mitteldecker-Auslegung mit doppeltem Seitenleitwerk (Erstflug Prototyp 29.12.1939). Geschätzt wegen seiner enormen Reichweite, wurde der Liberator vor allem auf dem pazifischen Kriegsschauplatz eingesetzt. Bei der USAF war die B-24 als Tagbomber im Einsatz (bei der RAF hauptsächlich nachts).

Typ:	Consolidated B-24 Liberator
Herkunftsland:	USA
Verwendung:	Bombenflugzeug
Spannweite:	33,53 m
Länge:	20,24 m
Antrieb:	4 Pratt & Whitney R-1830 mit je 883 kW (1200 PS)
max. Startmasse:	25 401 kg
Höchstgeschwindigkeit:	488 km/h
Reichweite:	4590 km
Gipfelhöhe:	8530 m
Besatzung:	12
Bewaffnung:	11 MG 12,7 mm, bis zu 3630 kg Bombenlast

Convair B-36 Peacemaker

Typ:	Convair B-36 B
Herkunftsland:	USA
Verwendung:	Bombenflugzeug
Spannweite:	70,10 m
Länge:	49,40 m
Antrieb:	6 Pratt & Whitney R-4360-41 je 2610 kW (3549 PS)
max. Startmasse:	185 975 kg
Höchstgeschwindigkeit:	660 km/h
Reichweite:	10 945 km
Gipfelhöhe:	12 160 m
Besatzung:	15
Bewaffnung:	12 MK 20 mm, bis zu 38 958 kg Bomben

Sechsmotoriges amerikanisches Bombenflugzeug in Schulterdecker-Auslegung und von Druckpropellern angetrieben (Erstflug 08.08.1946). Die B-36 wurde während des 2. Weltkriegs mit der Überlegung entwickelt, Deutschland auch direkt von den USA aus angreifen zu können; 1948 in Dienst gestellt, war die Maschine das größte bis dahin gebaute Bombenflugzeug. Allerdings litt die B-36 auch unter hohem Wartungsaufwand und war sehr teuer im Unterhalt.

Convair B-58 Hustler

Vierstrahliges amerikanisches Bombenflugzeug in Mitteldecker-Auslegung mit Deltaflügeln (Erstflug 11.11.1956). Erstes Überschall-Bombenflugzeug des Westens, mit dem 19 internationale Rekorde aufgestellt wurden. Nur 116 Serienmaschinen der B-58 wurden gebaut. Wegen ihrer Unfallrate und hoher Betriebskosten wurde die Maschine 1969 ganz zurückgezogen.

Typ:	Convair B-58 A
Herkunftsland:	USA
Verwendung:	Bombenflugzeug
Spannweite:	17,32 m
Länge:	29,49 m
Antrieb:	4 General Electric J79-GE-1 Turbojets je 69,4 kN (7077 kp)
max. Startmasse:	73 935 kg
Höchstgeschwindigkeit:	2200 km/h
Reichweite:	8248 km
Gipfelhöhe:	19 000 m
Besatzung:	3
Bewaffnung:	1 20-mm-Kanone, bis zu 8820 kg Bomben

Curtiss SB2C (A-25) Helldiver

Typ:	Curtiss SB2C (A-25)
Herkunftsland:	USA
Verwendung:	Sturzkampfbomber
Spannweite:	15,20 m
Länge:	10,80 m
Antrieb:	1 Wright R-2600-20 mit 1285 kW (1747 PS)
max. Startmasse:	7550 kg
Höchstgeschwindigkeit:	474 km/h
Reichweite:	max. 1860 km
Gipfelhöhe:	8400 m
Besatzung:	2
Bewaffnung:	4 MG 12,7 mm oder 2 MK 20 mm, Zwillings-MG hinten, 1 900-kg-Bombe intern, extern Bomben oder Raketen

Einmotoriger Sturzkampfbomber in Tiefdecker-Auslegung (Erstflug 18.12.1940). Die Navy-Version (SB2C) war trägergestützt und besaß einklappbare Tragflächen. Die ersten Helldiver griffen erst im November 1943 in die Kämpfe auf dem pazifischen Kriegsschauplatz ein. Die Version für das USAAC (A-25, siehe Abb.) wurde nicht im ursprünglich geplanten Umfang gebaut.

Dassault Mirage IV

Typ:	Dassault Mirage IV A
Herkunftsland:	Frankreich
Verwendung:	Bombenflugzeug
Spannweite:	23,50 m
Länge:	11,84 m
Antrieb:	2 SNECMA Atar 9 K Turbofans je 68,65 kN (7000 kp) Schub
max. Startmasse:	33 475 kg
Höchstgeschwindigkeit:	2340 km/h (Mach 2,2)
Reichweite:	1240 km
Gipfelhöhe:	18 000 m
Besatzung:	1
Bewaffnung:	1 60-Kilotonnen-Atombombe oder 7260 kg konventionelle Bomben

Zweistrahliges französisches Bombenflugzeug (Erstflug Prototyp 17.06.1959). In Bau und Ausführung ist die Mirage IV der Mirage II ähnlich, allerdings mit den spezifischen Anforderungen an einen Bomber, der Frankreich zur eigenständigen Atommacht machen sollte. Als die Mirage IV 1964 in Dienst gestellt wurde, war sie das erste europäische Flugzeug, das kontinuierlich Mach 2 fliegen konnte. Mitte der 1980er-Jahre wurden 18 Einheiten zur Version IV P modifiziert, die eine 150-kt-Atomrakete tragen konnte.

De Havilland DH.98 Mosquito

Typ:	De Havilland DH.98 Mk.IV
Herkunftsland:	Großbritannien
Verwendung:	Bombenflugzeug
Spannweite:	16,51 m
Länge:	12,55 m
Antrieb:	2 Rolls-Royce Merlin XXV mit je 919 kW (1250 PS)
max. Startmasse:	9735 kg
Höchstgeschwindigkeit:	620 km/h
Reichweite:	3200 km
Gipfelhöhe:	10 300 m
Besatzung:	2
Bewaffnung:	bis zu 4 MG und ca. 1800 kg Bomben

Zweimotoriges Bombenflugzeug, Mitteldecker in Ganzholzbauweise (Erstflug des Prototyps am 25.11. 1940). Reichweite und Geschwindigkeit machten ab 1942 die Mosquito zum vielseitigen Mehrzweckflugzeug. In 27 verschiedenen Versionen wurden 7781 Einheiten produziert.

Dornier Do 217

Zweimotoriges Bombenflugzeug, Schulterdecker mit doppeltem Seitenleitwerk auf Basis der Do 17, allerdings mit wesentlich verbesserter Panzerung und Abwehrbewaffnung (Erstflug August 1938). Ab März 1941 in Dienst als standardmäßiger schwerer Nachtbomber der Luftwaffe, war die Do 217 seinerzeit der Bomber mit der größten Zuladung. In mehreren Versionen wurden bis Juni 1944 rund 1905 Exemplare gebaut, davon zahlreiche als Nachtjäger.

Typ:	Dornier Do 217 E-2
Herkunftsland:	Deutschland
Verwendung:	Bombenflugzeug
Spannweite:	19,15 m
Länge:	17,30 m
Antrieb:	2 BMW 801 A je 1177 kW (1600 PS)
max. Startmasse:	16 465 kg
Höchstgeschwindigkeit:	515 km/h
Reichweite:	2300 km
Gipfelhöhe:	9000 m
Besatzung:	4
Bewaffnung:	6 MG, bis 4000 kg Bomben

Douglas SBD Dauntless

Typ:	Douglas SBD-6
Herkunftsland:	USA
Verwendung:	Bombenflugzeug
Spannweite:	12,65 m
Länge:	10,06 m
Antrieb:	1 luftgekühlter 9-Zylinder-Sternmotor Wright R-1820-66 Cyclone mit 1007 kW (1369 PS)
max. Startmasse:	4318 kg
Höchstgeschwindigkeit:	410 km/h
Reichweite:	1244 km
Gipfelhöhe:	7680 m
Besatzung:	2
Bewaffnung:	2 MG 12,7 mm, 2 MG 7,62 mm, bis zu 730 kg Bombenlast

Einmotoriges trägergestütztes Bombenflugzeug (Erstflug Prototyp Juni 1935). Die Dauntless war der Standard-Sturzkampfbomber der US-Navy in den 40er-Jahren und leistete einen wesentlichen Beitrag zu den amerikanischen Erfolgen in den großen Pazifikschlachten des 2. Weltkriegs. Bis Ende 1944 wurden fast 6000 Einheiten gebaut. Unter dem Namen A-24 Banshee gab es auch eine abgeänderte Version für die US-Army.

Douglas A-1 Skyraider

Einmotoriges Bomben- und Tiefangriffsflugzeug in Tiefdecker-Auslegung (Erstflug 18.08.1945). Die Maschinen wurden ursprünglich als trägergestütztes Bombenflugzeug entwickelt, kamen im Korea- und im Indochinakrieg zum Einsatz. Über ein Fünftel der 3180 gebauten Maschinen stand noch 1966 im Dienst verschiedener Luftstreitkräfte.

Typ:	Douglas A-1H
Herkunftsland:	USA
Verwendung:	Tiefangriffsflugzeug
Spannweite:	15,24 m
Länge:	11,94 m
Antrieb:	1 Wright R-3550-26WD Cyclone mit 2013 kW (2737 PS)
max. Startmasse:	11 340 kg
Höchstgeschwindigkeit:	500 km/h
Reichweite:	4900 km
Gipfelhöhe:	7590 m
Besatzung:	1
Bewaffnung:	4 MK 20 mm, 2948 kg Waffenlast an 15 Außenstationen

Fairchild Republic A-10

Typ:	Fairchild Republic A-10
Herkunftsland:	USA
Verwendung:	Erdkampfflugzeug
Spannweite:	17,53 m
Länge:	16,26 m
Antrieb:	2 General Electric TF34-100 Turbofans mit je 40,3 kN (4110 kp) Schub
max. Startmasse:	23 636 kg
Höchstgeschwindigkeit:	705 km/h
Reichweite:	3950 km
Gipfelhöhe:	10 600 m
Besatzung:	1
Bewaffnung:	MK 30 mm, 11 Außenlaststationen für ca. 7200 kg Bomben und Raketen

Zweistrahliges Kampfflugzeug (Erstflug Prototyp 11.05.1972). Niedrige Flughöhe, gute Langsamflugeigenschaften und hohe Zielgenauigkeit erlauben den Einsatz der Thunderbolt II gegen alle Bodenziele einschließlich Panzer. Die schon begonnene Ausmusterung wurde 1991 gestoppt.

Fairey Swordfish

Typ:	Fairey Swordfish Mk.II
Herkunftsland:	Großbritannien
Verwendung:	Bombenflugzeug
Spannweite:	13,87 m
Länge:	10,87 m
Antrieb:	1 Bristol Pegasus XXX mit 552 kW (750 PS)
max. Startmasse:	3406 kg
Höchstgeschwindigkeit:	222 km/h
Reichweite:	1658 km
Gipfelhöhe:	3260 m
Besatzung:	3
Bewaffnung:	2 MG 7,7 mm, Torpedo mit 730 kg

Einmotoriges Bombenflugzeug in Doppeldecker-Auslegung (Erstflug Prototyp TSR.I im März 1933, TSR.II am 17.04.1934, Swordfish am 31.12.1935). Ursprünglich auf Privatinitiative im Jahr 1933 als U-Boot-Jäger entwickelt, ab November 1934 dann in Serienfertigung und seit 1938 standardmäßiger Torpedobomber der Royal Navy Großbritanniens. Es wurden rund 2390 Maschinen in mehreren Versionen gebaut, einige davon kamen aber auch als Aufklärungsflugzeuge zum Einsatz.

Grumman TBF Avenger

Einmotoriges trägergestütztes Bombenflugzeug, freitragender Mitteldecker mit konventinellem Leitwerk (Erstflug am 01.08.1941). Das dreisitzige Flugzeug avancierte nach dem Kriegseintritt der USA zum Standard-Torpedobomber der US-Navy und erlebte seine ersten Kampfeinsätze in der Schlacht um die Midway-Inseln gegen die Japaner. Als aerodynamisch sehr vorteilhaft erwies es sich, dass die Abwurfwaffen, Bomben und/oder Torpedos, vollständig im Rumpfschacht untergebracht werden konnten. Die Maschine wurde auch an die Royal Navy geliefert.

Typ:	Grumman TBF
Herkunftsland:	USA
Verwendung:	Bombenflugzeug
Spannweite:	16,51 m
Länge:	12,48 m
Antrieb:	1 Wright R-2600-2 Cyclone mit 1267 kW (1700 PS)
max. Startmasse:	8278 kg
Höchstgeschwindigkeit:	445 km/h
Reichweite:	4320 km
Gipfelhöhe:	9200 m
Besatzung:	3
Bewaffnung:	3 MG 12,7 mm, 1 MG 7,62 mm, 1 Torpedo, Raketen an Unterflügeln

Heinkel He 111

Zweimotoriges Bombenflugzeug, freitragender Tiefdecker, Weiterentwicklung der He 70, ursprünglich als zivile Entwicklung im Auftrag der Luft Hansa (Erstflug 1935). Nach Versuchen mit verschiedenen Motorisierungen wurden bis zum Beginn des 2. Weltkriegs bereits mehr als 1000 Bombenflugzeuge gebaut. Bis Herbst 1944 wuchs die Zahl der fertiggestellten Maschinen auf über 7000. Die He 111 war einer der Standardbomber der deutschen Luftwaffe.

Typ:	Heinkel He 111 P-4
Herkunftsland:	Deutschland
Verwendung:	Bombenflugzeug
Spannweite:	22,50 m
Länge:	16,40 m
Antrieb:	2 Daimler-Benz 601 A-1 mit je 809 kW (1100 PS)
max. Startmasse:	13 500 kg
Höchstgeschwindigkeit:	390 km/h
Reichweite:	1200–2400 km
Gipfelhöhe:	8000 m
Besatzung:	5
Bewaffnung:	5 MG 7,92, 2 MG 13, 2000 kg Bomben intern

Iljuschin Il-28

Typ:	Iljuschin Il-28
Herkunftsland:	Sowjetunion
Verwendung:	Bombenflugzeug
Spannweite:	21,45 m
Länge:	17,65 m
Antrieb:	2 Klimow WK-1 je 26,5 kN (2700 kp)
max. Startmasse:	23 200 kg
Höchstgeschwindigkeit:	900 km/h
Reichweite:	2180 km
Gipfelhöhe:	12 500 m
Besatzung:	3
Bewaffnung:	je 2 MK 23 mm im Bug und im Heckstand, bis 3000 kg Bomben

Zweistrahliges Bombenflugzeug, freitragender Schulterdecker (Erstflug Prototyp 08.07.1948). Das Flugzeug war als taktischer Bomber konzipiert; es wurde in mehreren Versionen (u. a. als Torpedobomber Il-28T) gebaut und war in den prosowjetischen Staaten weit verbreitet.

Junkers Ju 87

Einmotoriges Sturzkampfflugzeug, Tiefdecker mit dreiteiligem Knickflügel und starrem Fahrwerk (Erstflug 17.09.1935). Die Maschine verfügte ab Version B-2 über eine Abfangautomatik, die das Flugzeug nach dem Bombenabwurf selbsttätig aus dem Sturzflug zog. In den Fahrwerksverkleidungen waren Sirenen eingebaut (so genannte Jericho-Trompeten), welche die psychologische Wirkung des Angriffs verstärken sollten.

Typ:	Junkers Ju 87 B-1 (1938)
Herkunftsland:	Deutschland
Verwendung:	Sturzkampfflugzeug
Spannweite:	13,80 m
Länge:	11,00 m
Antrieb:	1 Junkers-Jumo 211 Da mit 882 kW (1200 PS)
max. Startmasse:	4250 kg
Höchstgeschwindigkeit:	380 km/h
Reichweite:	600 km
Gipfelhöhe:	8000 m
Besatzung:	2
Bewaffnung:	2 MG 7,92 mm vorwärts, 1 MG 7,92 mm rückwärts, 1 500-kg-Bombe oder 1 250-kg-Bombe und 4 50-kg-Bomben

Junkers Ju 88

Typ:	Junkers Ju 88 A-4
Herkunftsland:	Deutschland
Verwendung:	Bombenflugzeug
Spannweite:	20,08 m
Länge:	14,40 m
Antrieb:	2 Junkers Jumo 211 J je 1045 kW (1420 PS)
max. Startmasse:	14 000 kg
Höchstgeschwindigkeit:	470 km/h
Reichweite:	max. 2730 km
Gipfelhöhe:	8200 m
Besatzung:	4
Bewaffnung:	5 MG 7,92 mm, 1 MG 13 mm, 500 kg Bombenlast intern bis 3000 kg Bombenlast an Unterflügelträgern

Zweimotoriges Bombenflugzeug in Mitteldecker-Auslegung (Erstflug Prototyp 21.12.1936). Das Flugzeug wurde auf Forderung des RLM 1937 sturzflugfähig (mit Abfangautomatik). Den gesamten 2. Weltkrieg über war die Ju 88 in zahlreichen Versionen (etwa als Bomber, Aufklärer und Nachtjäger) im Einsatz. Insgesamt wurden ca. 15 000 Einheiten produziert.

Lockheed F-117 Nighthawk

Typ:	Lockheed F-117A
Herkunftsland:	USA
Verwendung:	Bombenflugzeug
Spannweite:	13,20 m
Länge:	20,08 m
Antrieb:	2 General Electric F404-F1D2 Turbofans mit je 48 kN (4895 kp)
max. Startmasse:	23 814 kg
Höchstgeschwindigkeit:	1040 km/h
Reichweite:	2100 km
Besatzung:	1
Bewaffnung:	2268 kg Bomben (lasergelenkt)

Zweistrahliges Bombenflugzeug in Nurflügel-Auslegung (Tiefdecker mit starker Pfeilung und vierflächiger Konfiguration) mit Stealth-Technologie – nur noch 5 Prozent der Struktur bestehen aus Metall (Erstflug Prototyp Juni 1981). Erste Kampfeinsätze flog die F-117 1988 in Panama und 1991 im Golfkrieg. Über Jugoslawien ging 1999 die erste Maschine bei einem Kampfeinsatz verloren. Die Maschine ist luftbetankungsfähig und besitzt ein passives Infrarot-Such- und Zielsystem, aber kein Luft-Luft-Radar, was die Tarnkappeneigenschaften stören würde.

Mjassischtschew M-50

Typ:	Mjassischtschew M-50
Herkunftsland:	Sowjetunion
Verwendung:	Bombenflugzeug
Spannweite:	25,10 m
Länge:	57,48 m
Antrieb:	4 Solowjow D-15 je 125,5 kN (12 800 kp)
max. Startmasse:	210 000 kg
Höchstgeschwindigkeit:	ca. 1950 km/h
Reichweite:	max. 7400 km
Gipfelhöhe:	16 500 m
Besatzung:	2
Bewaffnung:	Vorrichtung für M-61 Cruise Missile, nukleare und konventionelle Bomben

Vierstrahliges Bombenflugzeug, freitragender Schulterdecker mit Deltaflügeln (Erstflug 1959), als strategischer Überschallbomber konzipiert, aber nur in zwei Prototypen (2. Prototyp M-52 mit stärkeren Triebwerken) gebaut. Unkonventionell ist die Triebwerksaufhängung: je zwei unter den Deltaflügeln und an den Tragflächenenden.

North American B-25 Mitchell

Zweimotoriges mittelschweres Bombenflugzeug, freitragender Mitteldecker mit Knickflügel und doppeltem Seitenleitwerk (Erstflug 19.08.1940). Das Flugzeug gilt als einer der vielseitigsten und leistungsfähigsten Bomber des 2. Weltkriegs. Ihren bekanntesten Einsatz hatte die B-25, als eine kleinere Formation von 16 Flugzeugen vom Flugzeugträger Hornet aus zu einem Angriff auf Tokio startete und in China landete (18.04.1942: Doolittle-Raid).

Typ:	North American B-25 J
Herkunftsland:	USA
Verwendung:	Bombenflugzeug
Spannweite:	20,60 m
Länge:	16,10 m
Antrieb:	2 Wright R-2600-92 je 1250 kW (1700 PS)
max. Startmasse:	15 870 kg
Höchstgeschwindigkeit:	440 km/h
Reichweite:	2100 km
Gipfelhöhe:	7620 m
Besatzung:	3–6
Bewaffnung:	12 MG 12,7 mm, 8 Raketen, 1360 kg Bombenlast

North American A-5 Vigilante

Typ:	North American A-5
Herkunftsland:	USA
Verwendung:	Bombenflugzeug
Spannweite:	16,15 m
Länge:	23,11 m
Antrieb:	2 General Electric J79-GE10 mit je 79,6 kN (8118 kp) Schub mit Nachbrenner
max. Startmasse:	36 100 kg
Höchstgeschwindigkeit:	2125 km/h
Reichweite:	3300 km
Gipfelhöhe:	15 900 m
Besatzung:	2
Bewaffnung:	1 Atombombe oder konventionelle Bomben oder Raketen

Zweistrahliges Bomben- und Aufklärungsflugzeug, freitragender Schulterdecker (Erstflug 31.08.1958). Das Flugzeug war als überschallschneller Bomber konzipiert, der von Flugzeugträgern aus operieren sollte. In Vietnam flog die RA-5C seit 1964 Tiefflug-Aufklärungseinsätze.

Northrop-Grumman B-2 Spirit

Vierstrahliges strategisches Bombenflugzeug (Erstflug 17.07.1989). Die B-2 Spirit ist konstruktiv ein Nurflügelflugzeug, ist vielseitig einsetzbar und kann mit konventionellen wie mit Atomwaffen bestückt und in der Luft betankt werden. Sie verfügt über Tarnkappeneigenschaften gegen elektromagnetische und Infrarotstrahlung (z. B. der Triebwerke), Abgasbeseitigung ohne Kondensstreifen, Kühlung der Düsen zur Verringerung der Infrarotsignatur.

Typ:	Northrop-Grumman B-2
Herkunftsland:	USA
Verwendung:	Strategisches Bombenflugzeug
Spannweite:	52,43 m
Länge:	21,03 m
Antrieb:	4 General Electric F-118-GE-100 Turbofans je 84,53 kN (8620 kp)
max. Startmasse:	152 635 kg
Höchstgeschwindigkeit:	1010 km/h
Reichweite:	ca. 10 000–12 000 km
Gipfelhöhe:	ca. 15 150 m
Besatzung:	2
Bewaffnung:	bis 18 144 kg Waffenlast in zwei Waffenschächten

Petljakow Pe-2

Typ:	Petljakow Pe-2
Herkunftsland:	Sowjetunion
Verwendung:	Sturzkampfflugzeug
Spannweite:	17,19 m
Länge:	12,60 m
Antrieb:	2 Klimow WK-105R je 920 kW (1250 PS)
max. Startmasse:	8500 kg
Höchstgeschwindigkeit:	536 km/h
Reichweite:	1920 km
Gipfelhöhe:	8200 m
Besatzung:	2
Bewaffnung:	1 MG 12,7 mm, 4 MG 7,62 mm, 1000 kg Bombenlast

Zweimotoriges Sturzkampfflugzeug, freitragender Tiefdecker (Erprobungsbeginn 1939). Ursprünglich als Höhenjagdflugzeug entworfen, wurde er nach den ersten Tests als Sturzkampfflugzeug entwickelt, das während des 2. Weltkriegs an Brennpunkten des Kampfgeschehens eingesetzt wurde. Über 11 000 Einheiten wurden gebaut.

Rockwell B-1 Lancer

Vierstrahliger strategischer Bomber mit Schwenkflügeln. Als Nachfolger für die Boeing B-52 konzipiert, ruhte bei North American Rockwell (ab 1973 Rockwell International, 1997 dann von Boeing übernommen) nach dem Erstflug (B-1A 23.12.1974) die Weiterentwicklung seit 1977, bevor sie 1981 mit gänzlich verändertem Einsatzprofil wieder aufgenommen wurde. Die modernisierte B-1 sollte nun tiefer fliegen, eine geringe Radarsignatur aufweisen und im unteren Überschallbereich Präzisionsangriffe vortragen.

Typ:	Rockwell B-1B Lancer
Herkunftsland:	USA
Verwendung:	Langstreckenbomber
Spannweite:	41,67 m ungeschwenkt, 23,84 m geschwenkt
Länge:	41,81 m
Antrieb:	4 General Electric F-101-GE-102 Turbofans je 136,92 kN (13 960 kp)
max. Startmasse:	216 365 kg
Höchstgeschwindigkeit:	1205 km/h (Tiefflug), 1329 km/h (große Höhe)
Reichweite:	ca. 11 265 km (ohne Luftbetankung)
Gipfelhöhe:	ca. 9100 m
Besatzung:	4
Bewaffnung:	bis zu 36 288 kg

Suchoi T-4 (Su-100)

Vierstrahliges Bombenflugzeug, Tiefdecker mit Deltaflügeln und Canards (Erstflug 22.08.1972, Projekt 1974 eingstellt); sowjetische Antwort auf die amerikanische XB-70. Für die T-4 wurden die damals fortschrittlichsten Werkstoff- und Fertigungstechniken genutzt. Die Maschine sollte über Fly-by-wire-Technologie verfügen. Die Flugzeugnase konnte (wie bei der Concorde und Tu-144) für den Start und die Landung abgesenkt werden. Die insgesamt zehn Testflüge konnten die volle Leistungsfähigkeit des Flugzeugs nicht beweisen.

Typ:	Suchoi T-4
Herkunftsland:	Sowjetunion
Verwendung:	Bombenflugzeug
Spannweite:	22,00 m
Länge:	44,50 m
Antrieb:	4 Kolesow RD-36-41 je 159,3 kN (16 244 kp)
max. Startmasse:	135 000 kg
Höchstgeschwindigkeit:	3200 km/h (projektiert)
Reichweite:	6000 km (projektiert)
Gipfelhöhe:	25 000–30 000 m (projektiert)
Besatzung:	2
Bewaffnung:	2 Luft-Boden-Raketen Ch-45 mit 1500 km Reichweite

Tupolew Tu-95

Viermotoriges Bombenflugzeug, freitragender Mitteldecker mit gepfeilten Tragflächen (Erstflug 1954). Das Flugzeug ist der einzige Langstreckenbomber mit Turboprop-Antrieb über gegenläufige Propellerpaare – militärisches Gegenstück zum Verkehrsflugzeug Tu-114. Es wurde auch als Seeaufklärungs- und U-Boot-Jagdflugzeug (Tu-142) sowie bei der elektronischen Kampfführung eingesetzt.

Typ:	Tupolew Tu-95MS
Herkunftsland:	Sowjetunion
Verwendung:	Bombenflugzeug
Spannweite:	50,04 m
Länge:	46,90 m
Antrieb:	4 Kusnezow NK-12M je 11 032 kW (15 000 PS)
max. Startmasse:	188 000 kg
Höchstgeschwindigkeit:	830 km/h
Reichweite:	10 500 km
Gipfelhöhe:	10 500 m
Besatzung:	7
Bewaffnung:	2 MK 23 mm (Heck); 6 Raketen Ch-55 intern, bis zu 10 Ch-55 extern

Jagdflugzeuge und Jagdbombenflugzeuge von A–Z

Jagdflugzeuge und Jagdbombenflugzeuge

Als im 1. Weltkrieg Flugzeuge in das Kampfgeschehen eingriffen, ergab sich die Notwendigkeit, die Flugzeuge der jeweiligen Gegenseite abzuwehren. Also stiegen Flugzeuge auf, die andere Flugzeuge jagten. Später begleiteten Jagdflugzeuge andere Flugzeuge wie beispielsweise Bomber oder versuchten Bombenflugzeuge des Gegners abzufangen. Nach den Zeiten der Spezialisierung auf eng begrenzte Einsatzziele folgte der Trend zu Mehrzweckkampfflugzeugen. Sie bauen auf ein und derselben Plattform auf und sollen im Idealfall den Einsatzzweck möglichst während der Mission wechseln können.

Aermacchi MB 339

Einstrahliges Trainingsflugzeug mit hoher Manövrierfähigkeit (Erstflug am 12.08.1976); auf der Basis der MB 326 entwickelt, jedoch mit verstärkter Rumpfstruktur. Es ist u. a. zur Vorbereitung der Piloten auf den Tornado oder Eurofighter, aber auch zur Erdkampfunterstützung einsetzbar. Bei der Flugschau-Katastrophe in Ramstein 1988 kollidierten mehrere MB 339 einer italienischen Kunstflugstaffel.

Typ:	Aermacchi MB 339
Herkunftsland:	Italien
Verwendung:	Strahltrainer
Spannweite:	10,86 m
Länge:	10,79 m
Antrieb:	1 Rolls-Royce Viper MK632-43 mit 17,8 kN (1825 kp) Schub
max. Startmasse:	6350 kg
Höchstgeschwindigkeit:	920 km/h
Reichweite:	2075 km
Gipfelhöhe:	14 200 m
Besatzung:	2
Bewaffnung:	2 DEFA-Kanonen 30 mm, bis 1815 kg Waffen an 6 Flügelstationen

Albatros D.III

Typ:	Albatros D.III
Herkunftsland:	Deutschland
Verwendung:	Jagdflugzeug
Spannweite:	9,05 m
Länge:	7,33 m
Antrieb:	1 Mercedes D.IIIa mit 130 kW (177 PS)
max. Startmasse:	886 kg
Höchstgeschwindigkeit:	175 km/h
Einsatzdauer:	ca. 2 h
Gipfelhöhe:	5500 m
Besatzung:	1
Bewaffnung:	2 MG 7,92 mm LMG 08/15 über dem Motor

Einmotoriges Jagdflugzeug des 1. Weltkriegs in Doppeldecker-Auslegung; als Nachfolger der D.II Standardjagdflugzeug seit 1917. Dank der Vorteile hinsichtlich Schnelligkeit und Manövrierfähigkeit gegenüber den Gegnern gelangen Baron Manfred von Richthofen allein im April 1917 21 Abschüsse mit der D.III. Anfang 1918 wurde sie durch die D.V ersetzt. Annähernd 440 Exemplare wurden gebaut.

Bell P-39 Airacobra

Typ:	Bell P-39 Q
Herkunftsland:	USA
Verwendung:	Jagdbombenflugzeug
Spannweite:	10,36 m
Länge:	9,18 m
Antrieb:	1 12-Zylinder Allison V-1710-85 mit 1044 kW (1420 PS)
max. Startmasse:	3750 kg
Höchstgeschwindigkeit:	615 km/h
Reichweite:	bis 2000 km
Gipfelhöhe:	10 600 m
Besatzung:	1
Bewaffnung:	1 Kanone 37 mm, 4 MG 12,7 mm, ca. 230 kg Bombenlast extern

Einmotoriges Jagdbombenflugzeug in Tiefdecker-Auslegung (Erstflug April 1939); für die USA als Jagdflugzeug aufgrund verschiedener Defekte und Leistungsdefizite nicht besonders erfolgreich. Bis August 1944 wurden dennoch 9584 Airacobras hergestellt, wovon rund die Hälfte an die UdSSR geliefert wurde, wo die Maschinen als Erdkampfflugzeuge sehr beliebt waren.

Boeing P-12

Typ:	Boeing P-12
Herkunftsland:	USA
Verwendung:	Jagdflugzeug
Spannweite:	9,14 m
Länge:	6,20 m
Antrieb:	1 Pratt & Whitney R-1340-17 mit 373 kW (507 PS)
max. Startmasse:	1220 kg
Höchstgeschwindigkeit:	304 km/h
Reichweite:	917 km
Gipfelhöhe:	8380 m
Besatzung:	1
Bewaffnung:	2 MG 7,62 mm oder je 1 MG 7,62/12,7 mm, bis 110 kg Bomben

Einmotoriges Jagdflugzeug in Doppeldecker-Auslegung, Modifikation der Navy-Ausführung F4B für das Fliegerkorps der US-Army (Erstflug 06.05.1929). Nach der Navy interessierte sich auch das Fliegerkorps (USAAC) für diese Maschine und ließ sie mit leichten Modifikationen 1932 liefern. Sie blieb bis zur Ablösung durch die P-26 im Dienst.

BAe/McDonnell Douglas Harrier II

Einstrahliges Jagdbombenflugzeug mit STOVL-Eigenschaften (Erstflug AV-8 B: 05.11.1981, BAe Harrier GR Mk.5: 30.04.1985). Der Harrier II ist ein Koprodukt von BAe Systems und McDonnell Douglas (jetzt zu Boeing gehörend). Er wurde seit den 80er-Jahren mehrfach modernisiert. Neben amerikanischen und britischen Flugzeugträgern sind auch die Träger Spaniens und Italiens damit bestückt.

Typ:	AV-8 B Harrier II plus
Herkunftsland:	USA, Großbritannien
Verwendung:	Jagdbombenflugzeug
Spannweite:	9,25 m
Länge:	14,12 m
Antrieb:	Rolls-Royce-Pegasus 11-61 F408-RR-408 mit 105 kN (10 707 kp)
max. Startmasse:	14 061 kg
Höchstgeschwindigkeit:	1065 km/h
Reichweite:	1780 km
Gipfelhöhe:	15 240 m
Besatzung:	1
Bewaffnung:	2 MK 30 mm, AIM-9 Sidewinder- und AGM-65 Maverick-Raketen

Convair F-106 Delta Dart

Typ:	Convair F-106 A
Herkunftsland:	USA
Verwendung:	Jagdflugzeug
Spannweite:	11,67 m
Länge:	21,56 m
Antrieb:	1 Pratt & Whitney J57-P-17 mit 109 kN (11 115 kp) Schub
max. Startmasse:	17 350 kg
Höchstgeschwindigkeit:	2455 km/h
Reichweite:	4300 km
Gipfelhöhe:	17 400 m
Besatzung:	1
Bewaffnung:	1 Kanone M61 Vulcan 20 mm, 1 AIR 2A oder AIR-2B Atombombe, 4 Raketen

Einstrahliges Jagdflugzeug, freitragender Mitteldecker (Erstflug 26.12.1956); als Verbesserung der F-102 Delta Dagger entwickelt, um sowjetische Überschall-Bomber in Flughöhe und Geschwindigkeit zu übertreffen. Das allwettertaugliche Modell diente über 28 Jahre lang und hält noch heute den Geschwindigkeitsrekord bei einstrahligen Jets (2455,736 km/h). Die letzte der 340 gebauten Maschinen wurde 1988 außer Dienst gestellt.

Curtiss P-40E Warhawk

Einmotoriges Erdkampf- und Jagdbombenflugzeug, ursprünglich als Jagdflugzeug entwickelt, war die Maschine bereits 1940 – im Dienst der RAF – ihren Gegnern unterlegen. RAF und USAAF nutzten sie daher zur Nahunterstützung der Bodentruppen. Auf dem chinesischen Kriegsschauplatz konnte sich die P-40 gegen die dort eingesetzten japanischen Flugzeuge behaupten.

Typ:	Curtiss P-40E
Herkunftsland:	USA
Verwendung:	Jagdbombenflugzeug
Spannweite:	11,38 m
Länge:	10,16 m
Antrieb:	1 Allison V-1710-99 mit 882 kW (1200 PS)
max. Startmasse:	3780 kg
Höchstgeschwindigkeit:	552 km/h
Reichweite:	1200 km
Gipfelhöhe:	9450 m
Besatzung:	1
Bewaffnung:	6 MG 12,7 mm, 3 227-kg-Bomben

Dassault Mirage III

Typ:	Dassault-Bréguet Mirage III A
Herkunftsland:	Frankreich
Verwendung:	Jagdflugzeug
Spannweite:	8,22 m
Länge:	14,20 m
Antrieb:	1 SNECMA Atar 9B3 mit 58,84 kN (6000 kp)
max. Startmasse:	9727 kg
Höchstgeschwindigkeit:	2230 km/h
Reichweite:	2400 km
Gipfelhöhe:	16 500 m
Besatzung:	1
Bewaffnung:	2 Kanonen DEFA 30 mm, 2 Luft-Luft-Raketen Sidewinder, 1 Rakete Matra R.51

Einstrahliges Jagdflugzeug, freitragender Tiefdecker mit Deltaflügeln (Erstflug am 12.05.1958); seit 1955 aus der Mirage I entwickelt – in einer Art Plattformtechnik, die unterschiedliche Anpassungen des Grundtyps erlaubte. Die Mirage III überschritt als erstes europäisches Flugzeug Mach 2.

Dassault Mirage 2000

Einstrahliges Jagdbombenflugzeug, Tiefdecker mit Deltaflügeln (Erstflug am 10.03.1978). Mit stark erweitertem „fly-by-wire"-System ausgestattet, wurde das Flugzeug 1975 zum Standard-Kampfflugzeug der französischen Luftwaffe bestimmt. Anknüpfend an die bewährte Dassault-Strategie wurde es in etlichen Varianten ausgeführt und für den Export konfiguriert.

Typ:	Dassault-Bréguet Mirage 2000
Herkunftsland:	Frankreich
Verwendung:	Jagdbombenflugzeug
Spannweite:	9,00 m
Länge:	15,33 m
Antrieb:	1 SNECMA M53-5 mit 88,26 kN (9000 kp)
max. Startmasse:	15 000 kg
Höchstgeschwindigkeit:	2445 km/h
Reichweite:	700 km
Gipfelhöhe:	16 460 m
Besatzung:	1
Bewaffnung:	2 MK 30 mm, 6300 kg Bomben

Dassault/Dornier Alpha-Jet

Typ:	Dassault/Dornier Alpha-Jet A
Herkunftsland:	Frankreich, Deutschland
Verwendung:	Jagdbombenflugzeug
Spannweite:	9,11 m
Länge:	12,46 m
Antrieb:	2 SNECMA/Turboméca Larzac 04-C20 Turbofans je 14,12 kN (1440 kp)
max. Startmasse:	8000 kg
Höchstgeschwindigkeit:	1000 km/h
Reichweite:	2940 km (mit Zusatztanks)
Gipfelhöhe:	14 630 m
Besatzung:	2
Bewaffnung:	1 Kanone 27 mm, bis zu 2500 kg Waffen extern

Zweistrahliges Kampfflugzeug, als Strahltrainer (Frankreich) und leichtes Kampfflugzeug (Deutschland) verwendet (Erstflug 1973). Die deutsche Version war wegen der Auslegung für den Kampfeinsatz mit modernerer Technologie ausgestattet; der zweite Sitz der Schulversion konnte gegen zusätzliche Elektronik ausgetauscht werden.

Douglas A-4 Skyhawk

Einstrahliges Jagdbombenflugzeug in Tiefdecker-Auslegung mit Deltaflügeln, ursprünglich als trägergestützter Atombomber geplant (Erstflug 22.06.1954). Die Skyhawk stellte 1954 den damaligen Geschwindigkeitsweltrekord auf. Insgesamt 2960 Skyhawks wurden bis 1980 produziert, einige Exemplare sind heute noch bei den Streitkräften kleinerer Länder in Dienst.

Typ:	Douglas A-4 Skyhawk II
Herkunftsland:	USA
Verwendung:	Jagdbombenflugzeug
Spannweite:	8,38 m
Länge:	12,27 m
Antrieb:	1 Turbojet Pratt & Whitney J52-P-8A mit 40,5 kN (4130 kp) Schub
max. Startmasse:	11 113 kg
Höchstgeschwindigkeit:	1086 km/h
Reichweite:	max. 3300 km
Gipfelhöhe:	14 500 m
Besatzung:	1
Bewaffnung:	2 MK 20 mm, 3720 kg Bombenlast extern

Eurofighter Typhoon

Typ:	Eurofighter Typhoon
Herkunftsland:	EU
Verwendung:	Jagdflugzeug
Spannweite:	10,95 m
Länge:	15,96 m
Antrieb:	2 Turbofans EJ200 je 90 kN (9166 kp) Schub
max. Startmasse:	23 500 kg
Höchstgeschwindigkeit:	2125 km/h
Reichweite:	1398 km
Gipfelhöhe:	18 300 m
Besatzung:	2
Bewaffnung:	1 Kanone 27 mm, 15 Außenstationen für Lenkflugkörper mittlerer und kurzer Reichweite

Zweistrahliges Jagdflugzeug in Entenflügel-Ausführung (Erstflug 29.03.1994). 1983 als gemeinsames Programm der fünf europäischen NATO-Länder Deutschland, Frankreich, Großbritannien, Italien und Spanien begonnen. 620 Flugzeuge wurden Ende der 1990er-Jahre in Auftrag gegeben. Seit 2002 ersetzt der Eurofighter schrittweise die F-4 Phantom II, die MiG-29 und den Tornado.

FIAT G.91

Einstrahliges Jagdbombenflugzeug in Tiefdecker-Auslegung (Erstflug Prototyp 1956); das erste nach dem 2. Weltkrieg auch in Deutschland gebaute Strahlflugzeug, fast 30 Jahre lang das wichtigste leichte Erdkampf- und Aufklärungsflugzeug der Luftwaffe. Auch eine zweisitzige Trainingsversion wurde gefertigt.

Typ:	FIAT G.91 R3
Herkunftsland:	Italien
Verwendung:	Jagdbombenflugzeug
Spannweite:	8,53 m
Länge:	10,06 m
Antrieb:	1 Turbojet Bristol Siddeley Orpheus 801 22,3 kN (2270 kp)
max. Startmasse:	5670 kg
Höchstgeschwindigkeit:	1075 km/h
Reichweite:	1850 km
Gipfelhöhe:	13 100 m
Besatzung:	1
Bewaffnung:	2 MK 30 mm DEFA, Raketen oder Bomben an 4 Unterflügeln

Focke-Wulf Fw 190

Typ:	Focke-Wulf Fw 190 A-8
Herkunftsland:	Deutschland
Verwendung:	Jagdflugzeug
Spannweite:	10,50 m
Länge:	8,95 m
Triebwerk:	1 BMW 801 D mit 1300 kW (1770 PS)
max. Startmasse:	4400 kg
Höchstgeschwindigkeit:	656 km/h
Reichweite:	800 km
Gipfelhöhe:	10 350 m
Besatzung:	1
Bewaffnung:	2 MG 131 12 mm, 4 MG 151 20 mm

Einmotoriges Jagdflugzeug in Tiefdecker-Auslegung (Erstflug am 13.05.1939). Bei ihrer Einführung 1941 im Kriegseinsatz war die Fw 190 nicht nur der Me 109 überlegen, sondern auch den meisten alliierten Jagdflugzeugen. Bis Kriegsende wurden ca. 20 000 Einheiten in verschiedenen Versionen gebaut, etwa zwei Drittel als Jagdflugzeuge und Nachtjäger, ein Drittel als Jagdbomber und Erdkampfflugzeuge. Nach dem Krieg wurden in Frankreich 64 Maschinen der Version A-8 gebaut und als NC 900 geflogen.

Fokker Dr.I

Einmotoriges Jagdflugzeug in Dreidecker-Auslegung (Erstflug Juli 1917). Vom Niederländer Fokker in Schwerin ab 1916 entwickelt und in einer Stückzahl von ca. 350 Einheiten gebaut. Gegen Ende des 1. Weltkriegs erwiesen sich die Dreidecker gegenüber Doppeldeckern generell als unterlegen. Am 21.04.1918 wurde der „Rote Baron" Manfred von Richthofen in einer Fokker Dr.I abgeschossen.

Typ:	Fokker Dr.I
Herkunftsland:	Deutschland
Verwendung:	Jagdflugzeug
Spannweite:	7,20 m
Länge:	8,80 m
Antrieb:	1 9-Zylinder-Umlaufmotor Oberursel UR II mit 81 kW (110 PS)
max. Startmasse:	670 kg
Höchstgeschwindigkeit:	185 km/h
Reichweite:	250 km
Gipfelhöhe:	6000 m
Besatzung:	1
Bewaffnung:	2 LMG 08/15 Spandau 7,92 mm

General Dynamics F-111

Typ:	General Dynamics F-111 A
Herkunftsland:	USA
Verwendung:	Jagdbombenflugzeug
Spannweite:	9,76 m/19,40 m
Länge:	22,40 m
Antrieb:	2 Pratt & Whitney TF30-P-100 je 111,6 kN (11 385 kp) Schub
max. Startmasse:	41 500 kg
Höchstgeschwindigkeit:	2655 km/h
Reichweite:	6115 km
Gipfelhöhe:	17 600 m
Besatzung:	2
Bewaffnung:	1 MK 20 mm, 13 600 kg Waffen an 8 Stationen

Zweistrahliges Jagdbombenflugzeug, Schulterdecker mit Schwenkflügeln (Erstflug 21.12.1964). Aus dem TFX-Programm (für Mehrzweckjäger, taktische Bomber) entwickelt; erstes betriebsfähiges Schwenkflügelflugzeug der Welt. Aufgrund unterschiedlicher Anforderungen von Navy und Air Force gab es in der Frühphase bei einigen Versionen Abstürze und technische Probleme. Dennoch wurden insgesamt 563 Exemplare gebaut.

General Dynamics F-16 Fighting Falcon

Einstrahliges Jagdbombenflugzeug in Mitteldecker-Auslegung mit Pfeilflügeln und geraden Tragflächenhinterkanten (Erstflug des Prototyps am 13.12.1973, Serie am 07.08. 1978); aufgrund hoher Wendigkeit und hervorrageder Flugeigenschaften eines der erfolgreichsten Kampfflugzeuge aller Zeiten. Über 8000 F-16 wurden in mehr als zehn Versionen produziert und in rund 20 Länder exportiert.

Typ:	General Dynamics F-16 A
Herkunftsland:	USA
Verwendung:	Jagdbombenflugzeug
Spannweite:	9,45 m
Länge:	14,52 m
Antrieb:	1 Pratt & Whitney F100-PW 200 mit 106 kN (10 810 kp) Schub
max. Startmasse:	16 050 kg
Höchstgeschwindigkeit:	2145 km/h
Einsatzradius:	1250 km
Gipfelhöhe:	15 240 m
Besatzung:	1
Bewaffnung:	1 MK 20 mm, 5440 kg Bomben extern oder 2–6 AIM-9 Sidewinder-Raketen

Grumman F6F Hellcat

Einmotoriges Jagdflugzeug in Mitteldecker-Auslegung (Erstflug Prototyp Juni 1942). Bereits vor dem Angriff auf Pearl Harbour geplant, dann mit Nachdruck als Nachfolger der Wildcat entwickelt und Mitte 1943 als trägergestützter Jagdbomber in Dienst gestellt. Das Flugzeug war vielseitig im Luftkampf, Erdkampf, für Aufklärungs- und Patrouillenflüge sowie Nachteinsätze verwendbar. Es wurden ca. 12 500 Exemplare gebaut, von denen einige bis in die späten 1950er-Jahre in Dienst standen.

Typ:	Grumman F6F-5
Herkunftsland:	USA
Verwendung:	Jagdflugzeug
Spannweite:	13,06 m
Länge:	10,24 m
Antrieb:	1 Pratt & Whitney R-2800-10W mit 1450 kW (1973 PS)
max. Startmasse:	6990 kg
Höchstgeschwindigkeit:	612 km/h
Reichweite:	2462 km
Gipfelhöhe:	11 370 m
Besatzung:	1
Bewaffnung:	6 MG 12,7 mm, ca. 900 kg Bomben oder Raketen

Grumman F8F Bearcat

Typ:	Grumman F8F-1
Herkunftsland:	USA
Verwendung:	Jagdflugzeug
Spannweite:	10,92 m
Länge:	8,61 m
Antrieb:	1 Pratt & Whitney R-2800-34W mit 1545 kW (2100 PS)
max. Startmasse:	5873 kg
Höchstgeschwindigkeit:	698 km/h
Reichweite:	1778 km
Gipfelhöhe:	11 800 m
Besatzung:	1
Bewaffnung:	4 MK 20 mm, ca. 900 kg Bomben oder Raketen

Einmotoriges Jagdbombenflugzeug in Tiefdecker-Auslegung (Erstflug 21.08.1944). Das Flugzeug kam im 2. Weltkrieg nicht mehr zum Einsatz. Von den ursprünglich geplanten mehreren Tausend Einheiten wurden tatsächlich nur 1266 gebaut. Nach der Ausmusterung 1952 übernahm die französische Luftwaffe einige Exemplare, die im Indochinakrieg eingesetzt wurden.

Grumman F-14 Tomcat

Typ:	Grumman F-14 A
Herkunftsland:	USA
Verwendung:	Jagdbombenflugzeug
Spannweite:	19,54 m
Länge:	19,10 m
Antrieb:	2 Turbofans Pratt & Whitney TF-30P-412A je 91,2 kN (9300 kp) Schub
max. Startmasse:	33 724 kg
Höchstgeschwindigkeit:	2550 km/h
Reichweite:	2460 km
Gipfelhöhe:	20 000 m
Besatzung:	2
Bewaffnung:	1 MK 20 mm, 6500 kg Waffen extern

Zweistrahliges Jagdbombenflugzeug in Mitteldecker-Auslegung mit Schwenkflügeln und doppeltem Seitenleitwerk (Erstflug Prototyp 21.12.1970). 1969 aus einem Entwicklungswettbewerb der Navy als Sieger hervorgegangen, befand sich die Tomcat früh in der Rolle des Luftüberlegenheitsjägers, Aufklärungs- und Patrouillenflugzeugs bei zahlreichen internationalen Einsätzen. Sie war während ihrer Dienstzeit das wichtigste trägergestützte Kampfflugzeug der US-Streitkräfte. Seit 2004 werden die ältesten Maschinen schrittweise ausgemustert.

Hawker Hurricane

Einmotoriges Jagdflugzeug, freitragender Tiefdecker (Erstflug Prototyp 06.11.1935). Das Flugzeug bildete zusammen mit der Spitfire das Rückgrat der britischen Jagdabwehr gegen die deutschen Angriffe zu Beginn des 2. Weltkriegs. Nach 1942 wurden die Hurricanes zu Erdkampf- und Schlachtflugzeugen modifiziert. Über 14 000 Einheiten wurden in verschiedenen Versionen ausgeliefert, von der RAF eingesetzt und in zahlreiche Länder exportiert.

Typ:	Hawker Hurricane
Herkunftsland:	Großbritannien
Verwendung:	Jagdflugzeug
Spannweite:	12,20 m
Länge:	9,98 m
Antrieb:	1 Rolls-Royce Merlin XX mit 940 kW (1280 PS)
max. Startmasse:	3740 kg
Höchstgeschwindigkeit:	542 km/h
Reichweite:	2125 km
Gipfelhöhe:	11 000 m
Besatzung:	1
Bewaffnung:	12 MG 7,7 mm, 2 Bomben oder 8 Raketen

Heinkel He 219 Uhu

Typ:	Heinkel He 219
Herkunftsland:	Deutschland
Verwendung:	Nachtjäger
Spannweite:	18,53 m
Länge:	15,55 m
Antrieb:	2 DB 603A/G mit je 1287/1434 kW (1750/1900 PS)
max. Startmasse:	16 500 kg
Höchstgeschwindigkeit:	615 km/h
Reichweite:	1545–2000 km
Gipfelhöhe:	9400–12 700 m
Besatzung:	2
Bewaffnung:	6 MK 20 mm

Zweimotoriges Jagdflugzeug, Schulterdecker mit doppeltem Seitenleitwerk (Erstflug Prototyp 15.11. 1942). Das Flugzeug wurde seit 1943 als Nachtjäger eingesetzt; seine Flugleistungen übertrafen die der Ju 188 in der Rolle als Nachtjäger deutlich. Eine leichtere Version mit Höhenmotor war in der Lage, die schnell und hoch einfliegenden Mosquitos abzufangen.

Jakowlew Jak-9

Einmotoriges Jagdflugzeug in Tiefdecker-Auslegung (Erstflug 1942). Das Flugzeug fußte konstruktiv auf der Jak-1 und wertete auch die Erfahrungen mit der Jak-3 und der Jak-7 aus. Bis Kriegsende wurden über 14 500 Maschinen in verschiedenen Versionen (u. a. als Panzerbekämpfungs-Flugzeug mit 45-mm-Kanone) hergestellt.

Typ:	Jakowlew Jak-9
Herkunftsland:	Sowjetunion
Verwendung:	Jagdflugzeug
Spannweite:	9,74 m
Länge:	8,55 m
Antrieb:	1 Klimow WK-107A mit 1250 kW (1700 PS)
max. Startmasse:	3260 kg
Höchstgeschwindigkeit:	689 km/h
Reichweite:	875 km
Gipfelhöhe:	10 500 m
Besatzung:	1
Bewaffnung:	1 MK 23 mm, 2 MG 12,7 mm, 2 100-kg-Bomben extern

Lockheed F-104 Starfighter

Typ:	Lockheed F-104
Herkunftsland:	USA
Verwendung:	Jagdflugzeug
Spannweite:	13,56 m
Länge:	18,87 m
Antrieb:	1 General Electric J79-GE-11A mit 47,5 kN (4850 kp)
max. Startmasse:	13 170 kg
Höchstgeschwindigkeit:	1845 km/h
Reichweite:	1740 km
Gipfelhöhe:	15 240 m
Besatzung:	1
Bewaffnung:	1 Kanone 20 mm, 2 Luft-Luft-Raketen, 1814 kg Bomben

Einstrahliges Jagdflugzeug, freitragender Mitteldecker mit T-Leitwerk (Erstflug am 28.02.1954). Das Flugzeug entstand aus den Erfahrungen des Koreakriegs. Die weiterentwickelte Version F-104G Super Starfighter (Erstflug am 05.10.1960) war bereits ein Mehrzweckkampfflugzeug (Abfangjäger, Aufklärer, Jagdbomber).

Lockheed Martin/Boeing F/A-22 Raptor

Zweistrahliges Jagd- und Kampfflugzeug, Mitteldecker mit Doppelleitwerk (Erstflug des Prototyps 07.09.1997). Neben dem primären Einsatzzweck als Luftüberlegenheitsjäger mit Stealth-Technologie und Schubvektorsteuerung besitzt der Raptor die sekundäre Fähigkeit zum Einsatz von Präzisionswaffen gegen Bodenziele. Daraus resultierte die doppelte Klassifizierung F/A. 2004 begannen die Truppenversuche mit dem Flugzeug. Am 15. Dezember 2005 wurde dem Flugzeug offiziell die Einsatzreife (nun wieder als F-22 klassifiziert) testiert.

Typ:	Lockheed F/A-22
Herkunftsland:	USA
Verwendung:	Jagd- und Kampfflugzeug
Spannweite:	13,56 m
Länge:	18,87 m
Antrieb:	2 Pratt & Whitney F119-100 mit je 155,69 kN (15 875 kp)
max. Startmasse:	27 216 kg
Höchstgeschwindigkeit:	2335 km/h
Reichweite:	3000 km
Gipfelhöhe:	16 700 m
Besatzung:	1
Bewaffnung:	6 radargelenkte Raketen, 2 Luft-Luft-Raketen,1 MK 20 mm

McDonnell Douglas F-4 Phantom II

Typ:	McDonnell Douglas F-4
Herkunftsland:	USA
Verwendung:	Jagd-/Jagdbomben-flugzeug
Spannweite:	11,78 m
Länge:	19,18 m
Antrieb:	2 General Electric J79-GE-17 je 79,6 kN (8120 kp) Schub mit Nachbrennern
max. Startmasse:	26 300 kg
Höchstgeschwindigkeit:	2417 km/h (als Jäger)
Reichweite:	2200 km
Gipfelhöhe:	18 180 m
Besatzung:	2
Bewaffnung:	MK 20 mm, Raketen an 9 Außenstationen; als Jagdbomber 5625 kg Bomben extern

Zweistrahliges Jagdflugzeug, freitragender Tiefdecker mit konventionellem Leitwerk (Erstflug 27.05.1958). Das Flugzeug war primär als Allwetter-Abfangjäger ausgelegt, wurde aber auch zur Erdkampfunterstützung oder als Aufklärer eingesetzt. Im Lauf der Produktionszeit durchlief das Flugzeug viele Modifikationen und Modernisierungsprogramme. Es war an fast allen militärischen Konflikten seit 1960 beteiligt. Bis Oktober 1979 wurden 5059 Einheiten (zzgl. japanischer Lizenzbauten) gefertigt.

McDonnell Douglas F-18 Hornet

Typ:	McDonnell F-18D
Herkunftsland:	USA
Verwendung:	Jagd- und Jagdbombenflugzeug
Spannweite:	11,43 m
Länge:	17,07 m
Antrieb:	2 General Electric F404/402-GE 400 Turbofans je 79,16 kN (8070 kp)
max. Startmasse:	25 400 kg
Höchstgeschwindigkeit:	1912 km/h
Reichweite:	3700 km (Zusatztanks)
Gipfelhöhe:	15 240 m
Besatzung:	2
Bewaffnung:	1 MK Gatling 20 mm, Raketen

Zweistrahliges Jagdbombenflugzeug in Mitteldecker-Auslegung mit doppeltem Seitenleitwerk und einklappbaren Tragflächen (Erstflug 18.11.1978). Das Flugzeug überzeugte die Militärs durch seine Standfestigkeit (es überstand sogar direkte Treffer von Boden-Luft-Raketen) und seine Variabilität: Schnell lässt sich die Einsatzweise vom Luftüberlegenheitsjäger zum Erdkampfflugzeug umstellen, gegebenenfalls bei laufender Mission. Die Versionen A und C sind einsitzig und die Versionen B und D zweisitzig (ein Pilot und ein Waffensystemoffizier).

Messerschmitt Bf 109 (Me 109)

Einmotoriges Jagdflugzeug, freitragender Tiefdecker in Ganzmetallbauweise, Leitwerksruder stoffbespannt (Erstflug September 1935). Im Wettbewerb gegen die Entwürfe mehrerer anderer Firmen setzte sich Messerschmitts Typ durch und wurde zum Standardjagdflugzeug der deutschen Luftwaffe: als Luftüberlegenheitsjäger, Begleit- und Abfangjäger sowie als Jagdbomber. Insgesamt wurden mehr als 33 000 Einheiten in zahlreichen Versionen gefertigt; während des 2. Weltkriegs wurden ständig Verbesserungen vorgenommen.

Typ:	Messerschmitt Bf 109 G-10
Herkunftsland:	Deutschland
Verwendung:	Jagdflugzeug
Spannweite:	9,97 m
Länge:	8,95 m
Antrieb:	1 DB 605 B mit max. 1085 kW (1475 PS)
max. Startmasse:	3500 kg
Höchstgeschwindigkeit:	685 km/h (in 7000 m)
Reichweite:	560 km
Gipfelhöhe:	12 500 m
Besatzung:	1
Bewaffnung:	2 MG 13 mm, 1 MK 20 oder 30 mm (durch die Propellernabe feuernd), weitere Rohrwaffen, Raketen und Bomben an Unterflügeln

Messerschmitt Me 262

Typ:	Messerschmitt Me 262 A-1a
Herkunftsland:	Deutschland
Verwendung:	Jagdflugzeug
Spannweite:	12,65 m
Länge:	10,60 m
Antrieb:	2 Junkers Jumo 004 B mit je 8,8 kN (900 kp) Schub
max. Startmasse:	6775 kg
Höchstgeschwindigkeit:	870 km/h (in 6000 m)
Reichweite:	1050 km
Gipfelhöhe:	11 400 m
Besatzung:	1
Bewaffnung:	4 MK 108 30 mm

Zweistrahliges Jagdflugzeug, freitragender Tiefdecker (Erstflug am 17.07.1942, zuvor Erstflug mit Kolbenmotor 18.04.1941). Hitler verbot persönlich den Einsatz der Me 262 als Jagdflugzeug; stattdessen musste das Flugzeug als „Blitzbomber" eingesetzt werden, wodurch es seinen Geschwindigkeitsvorteil gegenüber den alliierten Jägern wieder verlor. Überdies erlitt die ohne ausreichende Erprobung in Dienst gestellte Maschine zahlreiche Unfälle. 1945 konnten die meisten der insgesamt 1433 gefertigten Me 262 wegen Treibstoffmangels nicht mehr aufsteigen. Die von den Alliierten befürchtete Düsenjägeroffensive blieb aus.

Mikojan/Gurewitsch MiG-23

Typ:	Mikojan/Gurewitsch MiG-23
Herkunftsland:	Sowjetunion
Verwendung:	Jagdflugzeug
Spannweite:	7,77–13,96 m
Länge:	16,70 m
Antrieb:	1 Strahltriebwerk Tumanski R-29-300 mit 112,8 kN (11 500 kp)
max. Startmasse:	18 800 kg
Höchstgeschwindigkeit:	2245 km/h
Reichweite:	max. 2420 km
Gipfelhöhe:	18 200 m
Besatzung:	1
Bewaffnung:	1 MK 23 mm im Rumpf, Luft-Luft-Raketen

Einstrahliges Jagdflugzeug, als freitragender Schulterdecker mit Schwenkflügeln (Erstflug 1967). Das Flugzeug wurde als Abfang- und Luftüberlegenheitsjäger und als Jagdbomber eingesetzt. Dank verbesserter Langsamflugeigenschaften (Schwenkflügel) konnten extrem kurze Pisten genutzt werden. 25 Luftwaffen betrieben die MiG-23 in verschiedenen Versionen. Die Jagdbomberversion (MiG-23BN, auch MiG-27) weist erhebliche technische Abweichungen von den Jagdflugzeugen auf.

Mikojan/Gurewitsch MiG-29

Typ:	Mikojan/Gurewitsch MiG-29
Herkunftsland:	Sowjetunion, Russland
Verwendung:	Jagdflugzeug
Spannweite:	11,36 m
Länge:	17,32 m
Antrieb:	2 Tumanski R-33D Turbofans mit je 86,4 kN (8810 kp) Schub mit Nachbrenner
max. Startmasse:	21 000 kg
Höchstgeschwindigkeit:	2430 km/h
Reichweite:	max. 2900 km
Gipfelhöhe:	18 000 m
Besatzung:	1–2
Bewaffnung:	1 MK 30 mm, gelenkte/ungelenkte Raketen, bis zu 3500 kg Bomben

Zweistrahliges Jagdflugzeug, ein freitragender Mitteldecker mit pfeilförmigem Trapezflügel (Erstflug Prototyp 06.10.1977). Das Flugzeug ist als Gegenstück zu den amerikanischen Kampfflugzeugen F-15 und F-16 geplant worden und soll als Luftüberlegenheitsjäger der Frontstreitkräfte eingesetzt werden. Für den Start von Feldflugplätzen können die tief angebrachten Lufteinläufe der Triebwerke geschlossen werden, damit keine Fremdkörper angesaugt werden. Das Flugzeug verfügt über eine moderne Zielerfassungs- und Feuerleittechnik (Frontscheibenprojektor, Helmvisieranlage, Laser und Infrarotpeiler usw.).

Mitsubishi A6M

Typ:	Mitsubishi A6M5b
Herkunftsland:	Japan
Verwendung:	Jagdflugzeug
Spannweite:	12,00 m
Länge:	9,07 m
Antrieb:	1 Nakajima Sakae 21 mit 830 kW (1128 PS)
max. Startmasse:	2940 kg
Höchstgeschwindigkeit:	561 km/h
Reichweite:	1560 km
Gipfelhöhe:	10 700 m
Besatzung:	1
Bewaffnung:	2 MK 20 mm, 1 MG 12,7 und 1 MG 7,7 mm, bis 318 kg Bomben

Einmotoriges Jagdflugzeug, freitragender Tiefdecker mit konventionellem Leitwerk (Erstflug 01.04.1939). Das Flugzeug entstand aufgrund einer Ausschreibung der japanischen Marine für ein trägergestütztes Jagdflugzeug als Nachfolger der A5M4. Der offizielle alliierte Codename Zeke konnte sich nie gegen den populären Namen Zero durchsetzen. Zeros bildeten das Rückgrat des Angriffs auf Pearl Harbor. Die Gesamtproduktionszahl lag bei über 11 000.

Morane-Saulnier Typ N

Typ:	Morane-Saulnier Typ N
Herkunftsland:	Frankreich
Verwendung:	Jagdflugzeug
Spannweite:	8,30 m
Länge:	6,70 m
Antrieb:	1 Sternmotor Le Rhône 9J mit 82 kW (110 PS)
max. Startmasse:	510 kg
Höchstgeschwindigkeit:	165 km/h
Einsatzdauer:	1 h 30 min
Gipfelhöhe:	4000 m
Besatzung:	1
Bewaffnung:	1 MG 7,7 mm oder 1 MG 7,9 mm

Einmotoriges Jagdflugzeug, verspannter Mitteldecker (1913). Das Flugzeug wurde zu Beginn des 1. Weltkriegs zum Abfangen gegnerischer Aufklärungs- und Kampfflugzeuge eingesetzt. Dazu ließ der Luftfahrtpionier Roland Garros ein MG starr über der Motorhaube montieren, das durch den Propellerkreis feuerte. Die Propellerblätter wurden zu diesem Zweck mit Metall gepanzert, um Beschädigungen durch zufällige Treffer auszuschließen. Die so bewaffnete Morane-Saulnier wurde damit zum ersten Jagdflugzeug der Geschichte. Wegen der eigentümlichen Form der Propellernabe nannten die Piloten des Royal Flying Corps, das die Maschine ebenfalls einsetzte, auch „Bullet".

North American P-51 Mustang

Typ:	North American P-51D
Herkunftsland:	USA
Verwendung:	Jagdflugzeug
Spannweite:	11,28 m
Länge:	9,82 m
Antrieb:	1 Rolls-Royce/Packard-Merlin V-1650-7 mit 1229 kW (1670 PS)
max. Startmasse:	5260 kg
Höchstgeschwindigkeit:	703 km/h
Reichweite:	max. 3307 km
Gipfelhöhe:	12 500 m
Besatzung:	1
Bewaffnung:	6 MG 12,7 mm, bis zu 907 kg Bombenlast oder 12,7-mm-Raketen

Einmotoriges Jagdflugzeug, freitragender Tiefdecker (Erstflug Prototyp am 26.10.1940). Das Flugzeug wurde im 2. Weltkrieg (ab Version P-51B mit neuem Motor) ab Dezember 1943 als Langstrecken- Begleitjäger für die alliierten Bomberpulks eingesetzt und sicherte den Alliierten die Luftherrschaft über Deutschland. 1947 erfolgte die Umklassifizierung von P-51 (für „Pursuit", Verfolger) in F-51 (für „Fighter", Kämpfer).

North American F-86 Sabre

Typ:	North American F-86D
Herkunftsland:	USA
Verwendung:	Jagdflugzeug
Spannweite:	11,28 m
Länge:	12,27 m
Antrieb:	1 General Electric J47-GE-17B mit 33,35 kN (3400 kp)
max. Startmasse:	7756 kg
Höchstgeschwindigkeit:	1138 km/h
Reichweite:	1344 km
Gipfelhöhe:	16 640 m
Besatzung:	1
Bewaffnung:	24 Luft-Luft-Raketen

Einstrahliges Jagdflugzeug, freitragender Tiefdecker (Erstflug Prototyp 01.10.1947). Das Erscheinen des Flugzeugs über Korea beendete die „Alleinherrschaft" der chinesischen MiG-15 sowjetischer Bauart. Das Flugzeug wurde in mehr als 30 Staaten bei den Luftwaffen zum Standardjäger. Die Version 86D war zum Abfangen sowjetischer Atombombenflugzeuge konfiguriert.

Northrop F-5 Freedom Fighter

Typ:	Northrop F-5 E
Herkunftsland:	USA
Verwendung:	Jagdflugzeug
Spannweite:	8,13 m
Länge:	14,45 m
Antrieb:	2 General Electric J85-GE-21B je 22,24 kN (2270 kp) Schub mit Nachbrenner
max. Startmasse:	11 190 kg
Höchstgeschwindigkeit:	1743 km/h
Einsatzradius:	1400 km
Gipfelhöhe:	15 970 m
Besatzung:	1
Bewaffnung:	2 MK 20 mm, 3175 kg Bomben und Raketen

Zweistrahliges Jagdflugzeug, freitragender Tiefdecker (Erstflug 30.07.1959). Mit dem Ziel, die Lookheed T-33 als Strahltrainer abzulösen, wurde ein leichtes Jagdflugzeug (F-5A: einsitzig, F-5B: zweisitzig) entwickelt, das auch als Schul- und Übungsmaschine (T-38 Talon) angeboten wurde. Das Flugzeug wurde weiterentwickelt zur F-5E und F und schließlich zur F-5G (1982). In sämtlichen Versionen wurden über 2700 Einheiten gefertigt und in 30 Länder exportiert.

Panavia Tornado

Typ:	Panavia Tornado IDS
Herkunftsland:	EU
Verwendung:	Jagdbombenflugzeug
Spannweite:	8,60 m bis 13,91 m
Länge:	16,72 m
Antrieb:	2 Turbo Union RB199-34 Mk.103 bzw. Mk.101 mit je 74,7 kN (7620 kp)
max. Startmasse:	27 215 kg
Höchstgeschwindigkeit:	2300 km/h
Reichweite:	2775 km
Gipfelhöhe:	15 000 m
Besatzung:	2
Bewaffnung:	2 MK 27 mm, 8165 kg Waffenlast an 8 Außenlaststationen

Zweistrahliges Aufklärungsflugzeug, Schulterdecker mit Schwenkflügeln (Erstflug 14.08.1974). Seit 1967 von einem internationalen Konsortium als Nachfolgemodell für die F-104 Starfighter, als Multi-Role Combat Aircraft (MRCA) entwickelt. Auf einer Plattform sollten Flugzeuge für möglichst viele Einsatzzwecke (Erdkampfunterstützung, Luftherrschaft, Marineeinsatz, Aufklärung u. Ä.) entstehen, wobei das Schwergewicht auf der Rolle als Jagdbomber lag. Für die Produktion wurde das Gemeinschaftsunternehmen Panavia gegründet.

Republic F-84 Thunderjet/ Thunderstreak

Typ:	Republic F-84F
Herkunftsland:	USA
Verwendung:	Jagdbombenflugzeug
Spannweite:	11,13 m
Länge:	11,73 m
Antrieb:	1 Allison J35 mit 21,8 kN (2222 kp)
max. Startmasse:	12 200 kg
Höchstgeschwindigkeit:	998 km/h
Reichweite:	2390 km
Gipfelhöhe:	13 180 m
Besatzung:	1
Bewaffnung:	6 MG 12,7 mm, 8 Raketen 12,7 mm, 900 kg Bomben

Einstrahliges Jagdbombenflugzeug, Mitteldecker mit Kreuzleitwerk (Erstflug Prototyp 28.02. 1946), ursprünglich mit geraden, ab Version 84F mit gepfeilten Flügeln (Thunderstreak). Bis 1953 wurden 4450 Serienmaschinen produziert und in viele andere Staaten exportiert. Das Flugzeug wurde im Koreakrieg eingesetzt und war der MiG-15 nicht gewachsen. Die Einheiten der USAF gingen Anfang der 60er-Jahre in den Bestand der Nationalgarde über oder wurden an kleinere Länder veräußert, wo sie noch lange Jahre flogen.

Saab 29 Tunnan

Einstrahliges Jagdflugzeug (Erstflug 01.09.1948); das erste westeuropäische Jagdflugzeug mit Pfeilflügeln. Nach vier Prototypen entstanden 1951–1953 224 Exemplare der Jägerversion J 29 A. Wegen ihrer Form wurde die Maschine scherzhaft „Fliegende Tonne" genannt. Von der stärker bewaffneten Version A/J 29 B liefen 1953 genau 361 Stück vom Band; davon wurden 308 Maschinen 1955–1958 zur Version A/J 29 F umgebaut, die auch nach Österreich geliefert wurde.

Typ:	Saab J 29 A
Herkunftsland:	Schweden
Verwendung:	Jagdflugzeug
Spannweite:	11,00 m
Länge:	10,23 m
Antrieb:	1 RM 2/RM 2B De Havilland Ghost DGT 3 mit 22,26 kN (2270 kp)
max. Startmasse:	7530 kg
Höchstgeschwindigkeit:	1035 km/h
Gipfelhöhe:	13 700 m
Reichweite:	1100–1500 km
Besatzung:	1
Bewaffnung:	4 20-mm-Kanonen, später 12 Luft-Luft-Raketen

Saab 37 Viggen

Typ:	Saab JA 37
Herkunftsland:	Schweden
Verwendung:	Allwetter-Abfangjäger
Spannweite:	10,60 m
Länge:	16,40 m
Triebwerk:	1 Volvo Flygmotor RM8B Turbofan mit 125 kN (12 750 kp)
max. Startmasse:	20 500 kg
Höchstgeschwindigkeit:	2125 km/h
Reichweite:	über 1000 km
Gipfelhöhe:	15 500 m
Besatzung:	1
Bewaffnung:	1 MK 30 mm, Raketen an 7 Außenstationen, optional Bomben

Einstrahliges Jagdflugzeug in Tiefdecker-Auslegung mit großen, nach oben versetzten Canards (Erstflug am 08.02.1967), das als Nachfolger für den Typ Saab 35 Draken gebaut wurde. Das Flugzeug wurde als Jagd- und Erdkampfflugzeug sowie für Aufklärungsaufgaben modifiziert.

SPAD S.XIII

Einmotoriges Jagdflugzeug in Doppeldecker-Auslegung (Erstflug Prototyp 04.04.1917), Weiterentwicklung der S.VII. Der runde Stirnkühler des V-Motors ließ die Frontpartie wie die eines Flugzeugs mit Sternmotor wirken. Die S.XIII hatte eine größere Spannweite und eine stärkere Bewaffnung als ihre Vorgängerin. Sie wurde auch nach dem 1. Weltkrieg noch viele Jahre bei verschiedenen Luftwaffen (u. a. in Polen und der Tschechoslowakei) geflogen.

Typ:	SPAD S.XIII
Herkunftsland:	Frankreich
Verwendung:	Jagdflugzeug
Spannweite:	8,10 m
Länge:	6,30 m
Triebwerk:	1 Hispano-Suiza 8B-V8 mit 164 kW (220 PS)
max. Startmasse:	845 kg
Höchstgeschwindigkeit:	234 km/h
Reichweite:	300 km
Gipfelhöhe:	6650 m
Besatzung:	1
Bewaffnung:	2 MG 7,7 mm synchronisiert

Suchoi Su-7B

Typ:	Suchoi Su-7B
Herkunftsland:	Sowjetunion
Verwendung:	Jagdbombenflugzeug
Spannweite:	8,90 m
Länge:	17,38 m
Antrieb:	1 Ljulka AL 7 F1 mit max. 88,2 kN (9000 kp)
max. Startmasse:	13 500 kg
Höchstgeschwindigkeit:	1700 km/h
Gipfelhöhe:	18 000 m
Reichweite:	1450 km
Besatzung:	1
Bewaffnung:	2 MK 30 mm, Bomben oder Raketen an Unterflügelstationen

Einstrahliges Kampfflugzeug, Mitteldecker mit stark gepfeilten Tragflügeln (Erstflug Prototyp 1955). Das Flugzeug konnte zur Verkürzung der Startstrecke mit Starthilfsraketen ausgestattet werden, was dem Operieren von Feldflugplätzen aus entgegenkam. Es wurde – als Standardjagdbomber der sowjetischen Luftstreitkräfte – als Abfangjäger und als Erdkampfflugzeug eingesetzt. Außer in der Sowjetunion flog es auch in einer Reihe weiterer Staaten.

Suchoi Su-27

Zweistrahliges Jagdflugzeug (Erstflug des Vorserienmusters 1977, Indienststellung ab 1984). Das Flugzeug ging aus der Planung für ein „fortschrittliches Frontjagdflugzeug" hervor. Es sollte den amerikanischen F-15 und F-16 gewachsen und möglichst überlegen sein. Das Flugzeug vermag das sogenannte Kobra-Manöver (siehe Abb. oben) auszuführen. Der Pilot der Su-27 kann auf ein optoelektronisches Zielsuchsystem zurückgreifen und ein Helmvisier für die Kurzstreckenraketen einsetzen.

Typ:	Suchoi Su-27 SKM
Herkunftsland:	Sowjetunion
Verwendung	Jagdflugzeug
Spannweite:	14,70 m
Länge:	21,93 m
Antrieb:	2 Ljulka AL-31F je 79,43 kN (7444 kp) bzw. 122,6 kN (12 440 kp) mit Nachbrenner
max. Startmasse:	28 300 kg
Höchstgeschwindigkeit:	2500 km/h
Reichweite:	1500 km
Gipfelhöhe:	18 000 m
Besatzung:	1
Bewaffnung:	Revolverkanone 30 mm und bis zu 6000 kg Waffenlast extern

Supermarine Spitfire

Typ:	Supermarine Spitfire Mk.1
Herkunftsland:	Großbritannien
Verwendung:	Jagdflugzeug
Spannweite:	11,23 m
Länge:	9,12 m
Antrieb:	1 Rolls-Royce Merlin Mk.2 mit 758 kW (1030 PS)
max. Startmasse:	2415 kg
Höchstgeschwindigkeit:	571 km/h
Reichweite:	805 km
Gipfelhöhe:	10 360 m
Besatzung:	1
Bewaffnung:	8 MG 7,7 mm

Einmotoriges britisches Jagdflugzeug, freitragender Tiefdecker (Erstflug Prototyp am 05.03.1936). Im Lauf der Bauzeit wurde die Triebwerksleistung verdoppelt, die Höchstgeschwindigkeit um ein Drittel erhöht und die Steigfähigkeit um 80 Prozent verbessert. Die Maschine war bei ihren Piloten besonders wegen ihrer Wendigkeit beliebt, die sie nicht zuletzt ihrer charakteristischen, elliptischen Tragflächengeometrie verdankte. Während der Luftschlacht um England trug sie neben der Hawker Hurricane die Hauptlast der Kämpfe gegen die deutsche Luftwaffe.

Tupolew Tu-128 (Tu-28B)

Zweistrahliges Jagdflugzeug, freitragender Mitteldecker mit stark gepfeilten Tragflächen (ausgeliefert 1961). Das Flugzeug war als Langstrecken-Abfangjäger konzipiert und wahrscheinlich eines der schwersten Jagdflugzeuge, das je gebaut wurde. Ab 1971 wurde die Tu-128M gebaut, die auch im bodennahen Luftraum (500–1500 m) operieren sollte.

Typ:	Tupolew T-128M
Herkunftsland:	Sowjetunion
Verwendung:	Jagdflugzeug
Spannweite:	17,53 m
Länge:	30,06 m
Antrieb:	2 Ljulka AL-7F-2 je 99,1 kN (10 105 kp)
max. Startmasse:	43 260 kg
Höchstgeschwindigkeit:	1910 km/h
Reichweite:	2460 km
Gipfelhöhe:	15 600 m
Besatzung:	2
Bewaffnung:	4 Langstrecken-Luft-Luft-Raketen, je 2 Raketen R-4TM und R-4RM

Vought F4U Corsair

Einmotoriges Jagdflugzeug, freitragender Tiefdecker mit Knickflügel (Erstflug Prototyp 29.05.1940). Die Auslieferung der Corsair konnte aufgrund von Änderungswünschen erst im Juli 1942 erfolgen. Aufgrund der starken Nachfrage im 2. Weltkrieg bauten auch Goodyear und Brewster das Modell unter abweichenden Namen in Lizenz. Die Maschinen wurden vor allem auf dem pazifischen Kriegsschauplatz eingesetzt. Im Koreakrieg flogen sie zur Erdkampfunterstützung.

Typ:	Chance Vought F4U-1
Herkunftsland:	USA
Verwendung:	Jagdflugzeug
Spannweite:	12,49 m
Länge:	9,99 m
Antrieb:	1 Pratt & Whitney R-2800-8 mit 1491 kW (2027 PS)
max. Startmasse:	6280 kg
Höchstgeschwindigkeit:	631 km/h
Reichweite:	1722 km
Gipfelhöhe:	11 310 m
Besatzung:	1
Bewaffnung:	6 MG M2 12,7 mm, bis zu 1000 kg Bombenlast

Vought A-7 Corsair II

Typ:	Vought A-7D
Herkunftsland:	USA
Verwendung:	Jagdbombenflugzeug
Spannweite:	11,81 m
Länge:	14,06 m
Antrieb:	1 Allison TF41 Turbofan mit 64,5 kN (6580 kp)
max. Startmasse:	19 050 kg
Höchstgeschwindigkeit:	1123 km/h
Reichweite:	1150 km
Gipfelhöhe:	12 800 m
Besatzung:	1
Bewaffnung:	1 MK M61 20 mm, 4310 kg Waffenlast unter Rumpf und Flügeln

Einstrahliges Jagdbombenflugzeug in Schulterdecker-Auslegung (Erstflug 27.09. 1965). Die Maschine war als trägergestütztes leichtes Angriffsflugzeug konzipiert worden. Seit Ende 1967 wurde das Flugzeug von der US-Navy bei Kampfeinsätzen über Vietnam geflogen. Die Maschine wurde aber auch landgestützt eingesetzt (Version 7D für die USAF) und flog bei den Luftwaffen anderer Länder.

Aufklärungsflugzeuge von A–Z

600

Aufklärungsflugzeuge

Die ersten militärischen Einsätze, zu denen Flugzeuge starteten, waren Aufklärungsflüge. Früher suchten sich Feldherren eine erhöhte Position als Befehlsstand, um den Überblick nicht zu verlieren. Jetzt gab ihnen die Luftfahrt einen fliegenden Feldherrenhügel, der überdies beweglich war. Die Einsatzmöglichkeiten und -erfordernisse für Aufklärungsflugzeuge haben sich im Laufe der Militärgeschichte gewandelt; geblieben ist das Grundprinzip: das Versteckte – seien es Raketensilos, U-Boote oder nächtliche Truppenbewegungen – aufzuspüren und gegebenenfalls auch zu bekämpfen. Überdies fungieren spezielle Maschinen als Kommandoeinheiten – sind tatsächlich so etwas wie ein fliegender Feldherrenhügel – und der Störung der gegnerischen Kommunikation mittels elektronischer Kampfführung.

Die Avro 504 K (Foto rechts) war ein eimotoriges Aufklärungsflugzeug (Erstflug im Juli 1913). Zeitweilig aufgrund ihrer Gipfelhöhe die einzige wirksame Waffe gegen deutsche Zeppeline, wurde die Avro 504 bis in die 30er-Jahre eingesetzt, hauptsächlich als Schulflugzeug. Zahlreiche Variationen bis hin zu Amphibienflugzeugen sowie Lizenzproduktion und Exporte in mehrere Länder führten zu einer Gesamtzahl von mehr als 10 000 hergestellten Maschinen.

Typ:	Avro 504 K
Herkunftsland:	Großbritannien
Verwendung:	Aufklärungsflugzeug
Spannweite:	10,97 m
Länge:	8,97 m
Antrieb:	Umlaufmotor Rhône Clerget 9 B mit 96 kW (130 PS)
max. Startmasse:	830 kg
Höchstgeschwindigkeit:	169 km/h
Reichweite:	245 km
Gipfelhöhe:	5800 m
Besatzung:	2
Bewaffnung:	1 MG, 45 kg Bombenlast

Boeing E-3 Sentry

Typ:	Boeing E-3
Herkunftsland:	USA
Verwendung:	Frühwarn- und Leitflugzeug
Spannweite:	44,42 m
Länge:	46,61 m
Antrieb:	4 Pratt & Whitney TF33-PW-100 je 93,41 kN (9525 kp)
max. Startmasse:	151 955 kg
Höchstgeschwindigkeit:	953 km/h
Einsatzdauer:	10 h
Gipfelhöhe:	9333–11 000 m
Besatzung:	4 + 13 AWACS-Spezialisten

Vierstrahliges Aufklärungsflugzeug auf der Basis der Boeing 707-320B, freitragender Tiefdecker (Erstflug 09.02.1972). Das Flugzeug trug als erster Typ das von Boeing entwickelte AWACS (Airborne Warning and Control System) und wurde im Rahmen der NATO zur Luftraumüberwachung und Frühwarnung eingesetzt.

Breguet Atlantic

Zweimotoriges Aufklärungsflugzeug in Mitteldecker-Auslegung (Erstflug am 21.10.1961), von der NATO für die Nachfolge der Lockheed P2 V-7 vorgesehen und ab 1963 erstmals ausgeliefert. Dank vielfältiger Modernisierungsmaßnahmen ist die Maschine bis heute im Einsatz. Die Atlantic dient zur Seeaufklärung, für die U-Boot-Jagd, die Seezielbekämpfung, ferner für Suchaufgaben und Rettungsmaßnahmen.

Typ:	Breguet 1150 Atlantic
Herkunftsland:	Frankreich
Verwendung:	Seeaufklärer
Spannweite:	36,60 m
Länge:	31,80 m
Antrieb:	2 Rolls-Royce TyneR Ty20 je 4410 kW (6000 PS)
max. Startmasse:	43 500 kg
Höchstgeschwindigkeit:	650 km/h
Reichweite:	9000 km
Gipfelhöhe:	10 000 m
Besatzung:	12
Bewaffnung:	1 Kanone Mk.46; Torpedos, Wasserbomben, Minen, Raketen und Lenkwaffen

Canadair CL 28 Argus

Typ:	Canadair CL 28
Herkunftsland:	Kanada
Verwendung:	Seeaufklärer
Spannweite:	43,40 m
Länge:	39,30 m
Antrieb:	4 Wright R-3350-EA1 Cyclone je 2535 kW (3446 PS)
max. Startmasse:	71 214 kg
Höchstgeschwindigkeit:	470 km/h
Reichweite:	9495 km
Gipfelhöhe:	7620 m
Besatzung:	15
Bewaffnung:	3629 kg Waffenlast im Rumpf, 1724 kg an Außenstationen

Viermotoriges Seeaufklärungsflugzeug in Tiefdecker-Auslegung (Erstflug 28.03.1957), das – ähnlich wie die zivile Version Canadair CL 44 – konstruktiv auf der Bristol 175 Britannia fußt. Der Rumpf wurde vollständig neu konstruiert; der Heckstachel enthielt die Magnetsuchgeräte für die U-Boot-Jagd. Das Flugzeug sollte in niedrigen Höhen bis zu 24 Stunden in der Luft bleiben können.

Fieseler Fi 156 Storch

Einmotoriges Mehrzweckflugzeug mit STOL-Eigenschaften (Erstflug 24.04.1936). Von 1937 bis 1945 in einer Stückzahl von ca. 2900 Exemplaren produziert und hauptsächlich als Verbindungs- und Aufklärungsflugzeug eingesetzt. Nach dem Krieg in Frankreich und der Tschechoslowakei weiter produziert bzw. als Vorlage für Weiterentwicklungen genutzt. Einzelexemplare fliegen noch heute.

Typ:	Fieseler Fi 156 C 2
Herkunftsland:	Deutschland
Verwendung:	Aufklärungsflugzeug
Spannweite:	14,25 m
Länge:	9,90 m
Antrieb:	1 Argus As 10C-3 mit 175 kW (238 PS)
max. Startmasse:	1325 kg
Höchstgeschwindigkeit:	175 km/h
Reichweite:	470 km
Gipfelhöhe:	5300 m
Passagiere:	2 + 1 Pilot
Bewaffnung:	1 MG 15 7,92 mm

Fokker 60

Typ:	Fokker 60
Herkunftsland:	Niederlande
Verwendung:	Seeaufklärer
Spannweite:	29,00 m
Länge:	26,87 m
Antrieb:	2 Pratt & Whitney PW127B je 1820 kW (2475 PS)
max. Startmasse:	22 950 kg
Höchstgeschwindigkeit:	472 km/h
Reichweite:	2900 km
Gipfelhöhe:	7600 m
Passagiere:	44 oder 24 Verwundete
Zuladung:	max. 7325 kg

Zweimotoriges Aufklärungs- und Patrouillenflugzeug, eingesetzt von der Seeüberwachungsflotte der niederländischen Marine (Erstflug 02.11.1995). Die Silhouette des Flugzeugs ist an die der Fokker Friendship angelehnt, der Typ wurde aber aus der Fokker 50 abgeleitet.

Grumman S-2 Tracker

Zweimotoriges Aufklärungsflugzeug (Erstflug Prototyp am 04.12.1952). Im Einsatz von 1954 bis in die 1970er-Jahre, hauptsächlich als Seeaufklärer und U-Boot-Jäger. Nach Ausmusterung dienten noch einige Exemplare als Löschflugzeuge. Insgesamt wurden in mehreren Versionen 1186 Maschinen hergestellt, von denen einige exportiert wurden und noch heute in Dienst stehen.

Typ:	Grumman S-2 F-1
Herkunftsland:	USA
Verwendung:	Seeaufklärer
Spannweite:	21,23 m
Länge:	12,88 m
Antrieb:	2 Wright R-1820-82WA Cyclone mit je 1137 kW (1546 PS)
max. Startmasse:	11 900 kg
Höchstgeschwindigkeit:	462 km/h
Reichweite:	1350 km
Gipfelhöhe:	6710 m
Besatzung:	4
Bewaffnung:	2180 kg Torpedos, Raketen, Seeminen

Iljuschin A-50

Typ:	Iljuschin A-50
Herkunftsland:	Sowjetunion
Verwendung:	Aufklärungsflugzeug
Spannweite:	50,54 m
Länge:	46,59 m
Antrieb:	4 Solowjow D-30KP je 117,7 kN (12 000 kp)
max. Startmasse:	172 370 kg
Höchstgeschwindigkeit:	850 km/h
Reichweite:	7300 km
Einsatzhöhe:	13 000 m
Besatzung:	15–16
Bewaffnung:	2 MK 23 mm im Heck, ECM-Einrichtungen, Infrarot-und Radartäuschkörper

Vierstrahliges Aufklärungsflugzeug in Hochdecker-Auslegung (Erstflug Prototypen 1982); die Maschine basiert auf dem Transportflugzeug Il-76. Sie wird überwiegend zur Luftraumüberwachung eingesetzt, dient aber auch als fliegende Kommandozentrale und Relaisstation zum Austausch relevanter Gefechtsdaten und kann eigene Kampfflugzeuge an gegnerische Objekte heranführen.

Lockheed P-3 Orion

Typ:	Lockheed P-3
Herkunftsland:	USA
Verwendung:	Seeaufklärer
Spannweite:	30,37 m
Länge:	35,61 m
Antrieb:	4 Allison T56-A-14 Propellerturbinen je 3645 kW (4955 PS)
max. Startmasse:	61 000 kg
Höchstgeschwindigkeit:	761 km/h
Reichweite:	3500–8900 km
Gipfelhöhe:	8625 m
Besatzung:	10
Bewaffnung:	9000 kg Waffen: 3290 kg intern (Wasserbomben, Torpedos), 5782 kg extern (z. B. AGM-84 Harpoon)

Viermotoriges Seeaufklärungsflugzeug in Tiefdecker-Auslegung (Erstflug zweiter Prototyp 25.11.1959); das Flugzeug wurde aus der Lockheed L-188 Electra entwickelt. Während der erste Prototyp noch weitgehend dem Ausgangsmodell entsprach, wurde nach den ersten Tests der Rumpf verkürzt und fensterlos ausgeführt; der lange Heckdorn enthielt die Geräte für die Magnetortung. Das Flugzeug löste die P-2 Neptune bei der U-Boot-Bekämpfung ab. Die Serienproduktion begann 1961; seit 1969 wurde die Version P-3 C mit der seinerzeit modernsten Elektronik ausgerüstet.

Lockheed U-2

Einstrahliges Höhenaufklärungsflugzeug in Mitteldecker-Auslegung. Das Missionsziel sah Aufklärung in Höhen von über 20 000 m vor, bei denen man annahm, das Flugzeug sei sowohl für Flugabwehrraketen als auch für Abfangjäger unerreichbar. Ihre Flugeigenschaften verdankt die U-2 einem Design, das an Segelflugzeuge erinnert. Am 1. Mai 1960 wurde eine U-2 über der Sowjetunion abgeschossen, was zu erheblichen politischen Verwicklungen führte.

Typ:	Lockheed U-2
Herkunftsland:	USA
Verwendung:	Höhenaufklärungsflugzeug
Spannweite:	24,38 m
Länge:	15,24 m
Antrieb:	1 Pratt & Whitney J75 P-13 mit 66,7 kN (6800 kp)
max. Startmasse:	7815 kg
Höchstgeschwindigkeit:	794 km/h
Reichweite:	4635 km
Gipfelhöhe:	21 335 m
Besatzung:	1

Lockheed SR-71 Blackbird

Zweistrahliges Aufklärungsflugzeug, freitragender Mitteldecker mit deltaförmigem Tragwerk und Doppelleitwerk, Rumpf und Flächen in Titanbauweise (Erstflug Prototyp 16.04.1961). Das Flugzeug war für das Operieren in großen Höhen und mit hohen Geschwindigkeiten ausgelegt und errang mehrere Rekorde. Bis 1990 standen noch 32 Maschinen dieses Typs in Dienst.

Typ:	Lockheed SR-71 A
Herkunftsland:	USA
Verwendung:	Strategisches Höhenaufklärungsflugzeug
Spannweite:	16,94 m
Länge:	32,74 m
Antrieb:	2 Pratt & Whitney J-58 JT-11 mit je 151,1 kN (15 408 kp) Schub mit Nachbrenner
max. Startmasse:	77 112 kg
Höchstgeschwindigkeit:	3529 km/h
Reichweite:	4830 km (ohne Nachtanken)
Gipfelhöhe:	max. 26 213 m
Besatzung:	2

Martin RB-57 B Canberra

Typ:	Martin RB-57 B
Herkunftsland:	USA
Verwendung:	Aufklärungsflugzeug
Spannweite:	37,30 m
Länge:	21,00 m
Antrieb:	2 Pratt & Whitney TF-33-P-11 je 80,1 kN (8170 kp)
max. Startmasse:	24 720 kg
Höchstgeschwindigkeit:	880 km/h
Reichweite:	6440 km
Gipfelhöhe:	15 000 m
Besatzung:	2

Zweimotoriges strategisches Aufklärungsflugzeug, freitragender Mitteldecker auf der Basis des Bombenflugzeugs Martin 272 (B-57), einem amerikanischen Lizenzbau der britischen English Electric Canberra. Der Aufklärer bekam eine größere Spannweite und in der Version F neben den stärkeren Haupttriebwerken zwei Zusatztriebwerke in Gondeln unter den Tragflächen.

McDonnell RF-101 Voodoo

Zweistrahliges Aufklärungsflugzeug, freitragender Mitteldecker (Erstflug Prototyp Mai 1954); gilt als der erste Überschall-Aufklärer. Die Aufklärungsversion wurde aus dem McDonnell F-101 entwickelt. Er war unbewaffnet, aber mit der seinerzeit modernsten Fototechnik ausgestattet. Mit diesem Flugzeugtyp gelangen 1962 über Kuba Aufnahmen der sowjetischen Raketensilos. Er wurde auch über Vietnam eingesetzt.

Typ:	RF-101 Voodoo
Herkunftsland:	USA
Verwendung:	Auklärungsflugzeug
Spannweite:	12,09 m
Länge:	21,11 m
Antrieb:	2 Pratt & Whitney J57 mit je 66,7 kN (6800 kp) Schub mit Nachbrenner
max. Startmasse:	23 100 kg
Höchstgeschwindigkeit:	1610 km/h
Reichweite:	3315 km
Gipfelhöhe:	13 060 m
Besatzung:	1

Militärische Transportflugzeuge von A–Z

A400M

Militärische Transportflugzeuge

Militärische Transportaufgaben unterscheiden sich in manchen Belangen stark von den Bedürfnissen des zivilen Transports: So wird man beispielsweise beim Transport von Soldaten und Fallschirmjägern nicht auf Passagierkomfort achten können. Transportflugzeuge, die im Kampfgebiet eingesetzt werden, sind in der Regel bewaffnet. Für die Erdkampfunterstützung hat man sogar Transportflugzeuge zu regelrechten Gunships umgerüstet und ihnen eine eigenständige taktische Aufgabe zugewiesen. In manch anderer Hinsicht sind die Grenzen zwischen militärischem und zivilem Transport fließend. So nimmt es nicht Wunder, dass oft ein und derselbe Flugzeugtyp in beiden Sektoren der Luftfahrt eingesetzt wird und militärische Großraumtransporter sich auch bei humanitären Einsätzen bewähren.

Der Airbus A400M ist ein viermotoriges militärisches Transportflugzeug, dessen Produktion erst im Jahre 2005 angelaufen ist (Erstflug für 2009 geplant). Er

Airbus A400M

soll die gestiegenen Anforderungen an militärische Transporte erfüllen: durch hohe Reichweite, Geschwindigkeit und Ladekapazität, einen geräumigen, variablen Laderaum und flexible Einsatzmöglichkeiten.

Typ:	Airbus A400M
Herkunftsland:	EU
Verwendung:	Transportflugzeug
Spannweite:	42,40 m
Länge:	42,20 m
Antrieb:	4 TP400-D6 mit je 8200 kW (11 150 PS)
max. Startmasse:	24 000 kg
Höchstgeschwindigkeit:	800 km/h
Reichweite:	max. 9000 km
Gipfelhöhe:	11 300 m
Besatzung:	4–5
Zuladung:	5500–6300 kg oder 39 Passagiere oder 30 Fallschirmjäger

Airspeed AS 51 Horsa

Unmotorisiertes Transportflugzeug, Lastensegler in Holzbauweise (Erstflug Prototyp 12.09.1941); als Gleitflugzeug für Luftlandeeinsätze konstruiert und im 2. Weltkrieg häufig und mit Erfolg eingesetzt. Die Horsa konnte sogar ein kleines Fahrzeug transportieren. Knapp 3800 Exemplare wurden von verschiedenen Herstellern gebaut. Der Beiname erinnert an einen legendären Angelsachsen-Führer des 5. Jahrhunderts.

Typ:	Airspeed AS 51 Mk.I
Herkunftsland:	Großbritannien
Verwendung:	Lastensegler
Spannweite:	26,82 m
Länge:	20,43 m
max. Startmasse:	7030 kg
Höchstgeschwindigkeit:	241 km/h
Besatzung:	2
Zuladung:	25 Personen oder ca. 3200 kg Fracht

Antonow An-12

Viermotoriges Militär-Transportflugzeug, Schulterdecker mit Turboprop-Antrieb (Erstflug 16.12.1956); ursprünglich parallel zur Passagiermaschine An-10 als mittelschwerer Standardtransporter der sowjetischen Luftstreitkräfte entwickelt. Die An-12 kann als Gegenstück zur amerikanischen C-130 angesehen werden. Nach Ende des Kalten Krieges wurde sie auch für zivile Transporte eingesetzt. Von 1959 bis 1973 wurden in Serie rund 1250 Maschinen hergestellt.

Typ:	Antonow An-12 BP
Herkunftsland:	Sowjetunion
Verwendung:	Transportflugzeug
Spannweite:	38,00 m
Länge:	33,10 m
Antrieb:	4 Iwtschenko AI-20M je 3126 kW (4250 PS)
max. Startmasse:	61 000 kg
Höchstgeschwindigkeit:	770 km/h
Reichweite:	3600 km
Gipfelhöhe:	10 200 m
Besatzung:	5–6
Zuladung:	132 Personen/ 90 Soldaten oder 20 000 kg Fracht
Bewaffnung:	2 MK 23 mm

Boeing C-135 Stratolifter

Typ:	Boeing C-135 Stratolifter (Boeing 717-157)
Herkunftsland:	USA
Verwendung:	Transportflugzeug
Spannweite:	39,90 m
Länge:	41,00 m
Antrieb:	4 Pratt & Whitney J57-P-59W je 61,2 kN (6233 kp)
max. Startmasse:	125 000 kg
Höchstgeschwindigkeit:	970 km/h
Reichweite:	14 800 km
Gipfelhöhe:	10 700 m
Besatzung:	5
Zuladung:	125 Personen oder 35 000 kg Fracht

Vierstrahliges Transportflugzeug, freitragender Tiefdecker (Erstflug als KC-135 am 31.08.1956); als militärische Basisvariante parallel zur Boeing 707 für verschiedene Transport- und Unterstützungsaufgaben entwickelt. Die Maschinen gehören zu den dienstältesten Flugzeugen der USAF. In der Transporter-Version wurden 60 Exemplare produziert.

Boeing C-17 Globemaster III

Vierstrahliges Mehrzwecktransportflugzeug (Erstflug 15.09.1991); 1995 in Dienst gestellt und seither weltweit militärisch und zu humanitären Zwecken im Einsatz. Mithilfe von Luftbetankung kann die Globemaster III praktisch jeden Punkt der Erde nonstop erreichen. Die Maschine soll bis 2009 weiter produziert werden.

Typ:	Boeing C-17 Globemaster III
Herkunftsland:	USA
Verwendung:	Transportflugzeug
Spannweite:	51,75 m
Länge:	52,76 m
Antrieb:	4 Turbofans Pratt & Whitney F117-PW-100 je 180 kN (18 355 kp)
max. Startmasse:	265 352 kg
Höchstgeschwindigkeit:	805 km/h
Reichweite:	4500 km
Gipfelhöhe:	13 716 m
Besatzung:	3
Zuladung:	102 ausgerüstete Personen oder 70 000 kg Fracht

Douglas C-54

Typ:	Douglas C-54 B Skymaster
Herkunftsland:	USA
Verwendung:	Transportflugzeug
Spannweite:	35,81 m
Länge:	28,63 m
Antrieb:	4 Pratt & Whitney R-2000-25 je 1470 kW (2000 PS)
max. Startmasse:	33 112 kg
Höchstgeschwindigkeit:	441 km/h
Reichweite:	6276 km
Gipfelhöhe:	6705 m
Besatzung:	5
Zuladung:	13 140 kg oder 40 Personen

Viermotoriges Transportflugzeug; militärische Adaption der DC-4. Es wurden 1242 Exemplare produziert, die bis weit in die 60er-Jahre noch als zivile Frachtmaschinen in Betrieb waren. Populär wurde die C-54 zur Zeit der Berliner Luftbrücke, wo sie als „Rosinenbomber" im Einsatz war. Eine C-54 Skymaster war auch die erste „Air Force One"-Präsidentenmaschine von Franklin D. Roosevelt und trug den Spitznamen „The Sacred Cow" (Die heilige Kuh).

Fairchild C-119 Flying Boxcar

Zweimotoriges Transportflugzeug, Hochdecker mit Rumpfgondel und doppeltem Leitwerkträger (1948); Neugestaltung der C-82 Packet mit aerodynamischerem Rumpfquerschnitt (Cockpit an der Bugspitze) und stärkeren Motoren. Insgesamt entstanden 1184 Einheiten verschiedener Versionen. Einige Maschinen bekamen in den 1960er-Jahren ein zusätzliches Strahltriebwerk auf dem Rumpf.

Typ:	Fairchild C-119
Herkunftsland:	USA
Verwendung:	Transportflugzeug
Spannweite:	33,32 m
Länge:	26,36 m
Antrieb:	2 Wright R-3350-85 Duplex Cyclone je 2610 kW (3550 PS)
max. Startmasse:	33 780 kg
Höchstgeschwindigkeit:	476 km/h (in 5200 m)
Reichweite:	3200–3660 km
Gipfelhöhe:	6700 m
Zuladung:	62 Soldaten/35 Tragen oder 4500 kg Fracht

Lockheed C-130 Hercules

Typ:	Lockheed C-130 H
Herkunftsland:	USA
Verwendung:	Transportflugzeug
Spannweite:	40,40 m
Länge:	29,80 m
Antrieb:	4 Propellerturbinen Allison T56-A-15 mit Turbolader je 3160 kW (4300 PS)
max. Startmasse:	79 380 kg
Höchstgeschwindigkeit:	618 km/h
Reichweite:	8120 km
Gipfelhöhe:	8070 m
Besatzung:	5
Zuladung:	19 350 kg Fracht oder 128 ausgerüstete Soldaten bzw. 92 Fallschirmjäger

Viermotoriges Transportflugzeug (Erstflug Prototyp 23.08.1954). Mit über 40 Versionen (neben Transportaufgaben als Tanker, Seenotrettungsflugzeug, Wetter- und Überwachungsflugzeug und fliegende Feuerwehr) gehört es zu den am meisten gebauten und am vielseitigsten einsetzbaren Flugzeugen der Welt.

Lockheed C-5 Galaxy

Typ:	Lockheed C-5B
Herkunftsland:	USA
Verwendung:	Transportflugzeug
Spannweite:	67,90 m
Länge:	75,50 m
Antrieb:	4 General Electric TF39-GE-1C je 195 kN (19 880 kp)
max. Startmasse:	380 000 kg
Marschgeschwindigkeit:	870 km/h
Reichweite:	6000–9600 km
Gipfelhöhe:	11 000 m
Besatzung:	6
Zuladung:	max. 131 000 kg oder 345 voll ausgerüstete Soldaten

Vierstrahliges Transportflugzeug, freitragender Schulterdecker mit T-Leitwerk (Erstflug des Prototyps 30.06.1968), bis 1982 das größte Flugzeug der Welt. Die Zelle hat zwei Decks, die variabel für Passagier- oder Frachttransport oder in Kombination beider Formen verwendet werden können. 1972 wurde der Bau nach acht Versuchsmustern und 81 Serienflugzeugen zunächst eingestellt. 1985 erschien dann die in Tragwerk und Avionik verbesserte C-5B (Erstflug 10.09.1985). Die noch existierenden Maschinen der A-Version wurden mit neuen Tragflügeln nachgerüstet.

Messerschmitt Me 323

Typ:	Messerschmitt Me 323 D-1
Herkunftsland:	Deutschland
Verwendung:	Transportflugzeug
Spannweite:	55,24 m
Länge:	28,50 m
Antrieb:	6 Gnôme-Rhône 14N mit je 730 kW (990 PS)
max. Startmasse:	43 000 kg
Marschgeschwindigkeit:	210 km/h
Reichweite:	700–1100 km
Gipfelhöhe:	4700 m
Besatzung:	5
Zuladung:	10 000–12 000 kg
Bewaffnung:	5 MG 15 7,92 mm

Sechsmotoriges Transportflugzeug, abgestrebter Schulterdecker (Erstflug Ende 1941); eine motorisierte Version des Lastenseglers Me 321 Gigant. Seit November 1942 waren die Me 323 bei der Luftversorgung der deutsch-italienischen Truppen in Nordafrika eingesetzt. Nach der Kapitulation der Deutschen in Nordafrika (Mai 1943) erfüllten die Maschinen Transportaufgaben an der Ostfront. Bis zur Einstellung der Produktion 1944 wurden rund 200 Einheiten verschiedener Versionen gefertigt.

Transall C-160

Zweimotoriges militärisches Transportflugzeug in Hochdecker-Auslegung (Erstflug 25.02.1963). Die Transall, entwickelt als deutsch-französisches Gemeinschaftsprojekt, ist seit 1968 im Dienst – viel länger als ursprünglich vorgesehen. Während dieser Zeit wurden immer wieder Modernisierungen und Verstärkungen vorgenommen. 2010 soll die Transall durch den Airbus A400M ersetzt werden.

Typ:	Transall C-160
Herkunftsland:	Deutschland, Frankreich
Verwendung:	Transportflugzeug
Spannweite:	40,00 m
Länge:	32,40 m
Antrieb:	2 Rolls-Royce Tyne 20 MK 22 mit je 4222 kW (5740 PS)
max. Startmasse:	49 150 kg
Höchstgeschwindigkeit:	ca. 513 km/h
Reichweite:	max. 1850 km
Gipfelhöhe:	8230 m
Besatzung:	5
Zuladung:	16 000 kg oder max. 96 Personen

Experimentalflugzeuge von A–Z

NASA
ERAST
AeroVironment Inc.
HELIOS
NASA
ERAST
AeroVironment Inc.
HELIOS

Experimentalflugzeuge

Wir kennen heute die ersten Fluggeräte, die sich tatsächlich in die Luft erhoben. Wahrscheinlich hat man sie damals ebenso kopfschüttelnd angeschaut, wie wir heute über manche Experimentalflugzeuge der zweiten Hälfte des 20. Jahrhunderts staunen. In einer Zeit, als man noch nicht alles so berechnen konnte, wie man es heute glaubt berechnen zu können, stand am Anfang immer der Versuch. So war der Fortschritt im Flugwesen oft teuer erkauft – mit Fehlentwicklungen und Unfällen. Aber auch sie brachten wichtige Erfahrungen für den Flugzeugbau. Einen kleinen Ausschnitt der Experimente und Versuche, sich auf außergewöhnliche Art in die Luft zu erheben, spiegelt dieses Kapitel wider.

Bell X-1

Einstrahliges Experimentalflugzeug in Mitteldecker-Auslegung mit Kreuzleitwerk (Erstflug mit Triebwerk Dezember 1946). Die Maschine wurde von Trägerflugzeugen auf Einsatzhöhe geschleppt und setzte, ausgeklinkt, den Flug mittels Raketentriebwerk (Brenndauer 2:30 min) fort. Am 14.10.1947 erreichte Charles Yeager mit der Bell X-1 erstmals Überschallgeschwindigkeit. 1949 errang das Flugzeug den Höhenweltrekord mit 22 250 m.

Typ:	Bell X-1
Herkunftsland:	USA
Verwendung:	Überschallflugzeug
Spannweite:	8,53 m
Länge:	9,45 m
Antrieb:	1 Raketenmotor Reaction Motors mit 26,69 kN (2721 kp) Schub
max. Startmasse:	6078 kg
Höchstgeschwindigkeit:	2736 km/h
Gipfelhöhe:	19 000 m
Besatzung:	1

Daedalus 88

Die Daedalus 88 ist ein unmotorisiertes Muskelkraftflugzeug (Baujahr 1987), das von Professoren und Studenten des Massachusetts Institute of Technology (MIT) entworfen und gebaut wurde. Das Fluggerät schaffte 1987 die Distanz von 199 km vom Luftwaffenstützpunkt Herakleion auf Kreta zur Insel Santorin in 3 Stunden und 54 Minuten; das bedeutete neue Rekordleistungen hinsichtlich Distanz und Flugdauer für muskelkraftgetriebene Flugzeuge.

Typ:	Daedalus 88
Herkunftsland:	USA
Verwendung:	Muskelkraftflugzeug
Spannweite:	34,00 m
Länge:	8,60 m
Eigenmasse:	31,3 kg
Reichweite:	ca. 200 km
Besatzung:	1

Grumman X-29

Einstrahliges Versuchsflugzeug, Mitteldecker mit negativ gepfeilten Tragflächen und trapezförmigen Canards (Erstflug am 14.12. 1984). Getestet wurden mit diesem Flugzeug das Flugverhalten in großen Höhen mit extremem Anstellwinkel (bis 66°). 1985 wurde der erste Überschallflug eines Flugzeugs mit negativ gepfeilten Flügeln vollzogen.

Typ:	Grumman X-29
Herkunftsland:	USA
Verwendung:	Forschungsflugzeug
Spannweite:	8,25 m
Länge:	14,66 m
Antrieb:	1 General Electric F404-GE400 mit 71,2 kN (7258 kp)
max. Startmasse:	7983 kg
Höchstgeschwindigkeit:	ca. 2019 km/h
Einsatzreichweite:	max. 9000 km
Gipfelhöhe:	15 300 m
Besatzung:	1

Lippisch Aerodyne

Einmotoriges Experimentalflugzeug; flügelloser, unbemannter Senkrechtstarter (18.09.1972). Das Flugzeug griff auf die Forschungen von Alexander Lippisch (1894–1976) zu Ringflügelflugzeugen in den USA zurück und wurde im Auftrag der deutschen Bundesregierung entwickelt. Auftriebs- und Vortriebskräfte waren in einem Bauteil, dem Ringflügel mit Gebläse, vereinigt. Als Einsatzziel war die unbemannte Flugaufklärung zur See und zu Lande vorgesehen.

Typ:	Lippisch Aerodyne E1
Herkunftsland:	Deutschland
Verwendung:	Experimentalflugzeug
Gebläsedurchmesser:	1,90 m
Länge:	5,50 m
Antrieb:	1 MTU 60022 A-3 mit 271 kW (368 PS)
max. Startmasse:	435 kg

Martin X-24

Einstrahliges Versuchsflugzeug, das im Rahmen des Projekts „Lifting Bodies" zur Untersuchung der Flugeigenschaften flügelloser Auftriebskörper entstand (Erstflug X-24A März 1970, stark modifizierte X-24B August 1973). Das Flugzeug wurde von einer B-52 ausgeklinkt, stieg dann mittels Raketenmotor in große Höhen auf und ging im antriebslosen Flug nieder.

Typ:	Martin X-24B
Herkunftsland:	USA
Verwendung:	Wiedereintritts-Versuchsflugzeug
Spannweite:	5,84 m
Länge:	11,43 m
Antrieb:	1 Thiokol-XLR-11 Raketentriebwerk mit 35,6 kN (3630 kp)
max. Startmasse:	5896 kg
Höchstgeschwindigkeit:	1873 km/h
Flugdauer:	15 min (Eigenantrieb)
Gipfelhöhe:	16 000 m
Besatzung:	1

Mil W-12 (Mi-12)

Typ:	Mil W-12
Herkunftsland:	Sowjetunion
Verwendung:	Experimental-Hubschrauber
Rotordurchmesser:	35,00 m
Länge:	37,00 m
Antrieb:	4 Solowjow Wellenturbinen D-25VF je 4048 kW (5500 WPS)
max. Startmasse:	105 000 kg
Höchstgeschwindigkeit:	260 km/h
Reichweite:	500 km
Gipfelhöhe:	3500 m
Besatzung:	6–12
Nutzlast:	ca. 40 000 kg

Viermotoriges Rotorflugzeug mit zwei gegenläufig arbeitenden Fünfblattrotoren an Tragflügelauslegern (Erstflug 10.07. 1968). Die Maschine konnte im geräumigen Flugzeugrumpf auch sperrige Güter transportieren. Der größte je gebaute Hubschrauber der Welt ging niemals in Serie; einer der beiden Prototypen stürzte 1969 ab, der andere wurde auf Flugschauen präsentiert.

Moller Skycar

Projekt eines Luftfahrzeugs mit VTOL-Eigenschaften; das viersitzige Gerät soll als „fliegendes Auto" gleichzeitig für den Straßen- und für den Luftverkehr zugelassen werden. Dabei soll die Steuerung im Luftverkehr vollautomatisch, das heißt ohne Zutun eines Piloten, erfolgen. Mit dem zweisitzigen Vorläufer M 200 wurden 2003 die ersten Schwebeversuche absolviert.

Typ:	Moller M 400
Herkunftsland:	USA
Verwendung:	„Fliegendes Auto"
Spannweite:	2,56 m
Länge:	5,92 m
Antrieb:	Motorenleistung 480 kW (654 PS)
max. Startmasse:	1088 kg
Höchstgeschwindigkeit:	610 km/h
Reichweite:	2125 km
Gipfelhöhe:	1450 m
Insassen:	4

North American X-15

Einstrahliges, raketengetriebenes Forschungsflugzeug, Mitteldecker mit trapezförmigen Stummelflügeln (Erstflug mit Antrieb 17.09.1959). Das Flugzeug diente der Erforschung von Hochgeschwindigkeitsflügen (03.10.1967: 7272 km/h) in großen Höhen (22.08.1963: 107 960 m). Eine zusätzliche Strahlsteuerung unterstützte die Steuerbarkeit des Flugzeugs in großen Höhen.

Typ:	North American X-15A-1
Herkunftsland:	USA
Verwendung:	Versuchsflugzeug
Spannweite:	6,82 m
Länge:	15,47 m
Antrieb:	1 Thiokol XLR-99 Raketentriebwerk mit 253,7 kN (25 800 kp)
max. Startmasse:	15 300 kg
Höchstgeschwindigkeit:	7272 km/h
Reichweite:	450 km
Gipfelhöhe:	107 960 m
Besatzung:	1

Scaled Composites Global Flyer

Einstrahliges Experimentalflugzeug mit zentraler Rumpfgondel und zwei Leitwerksträgern, die durch den Tragflügel miteinander verbunden sind. Das Flugzeug wurde im Auftrag Steve Fossetts gebaut, der damit vom 1. bis 3. März 2005 eine Nonstop-Weltumrundung ohne Zwischenbetankung vollzog (36 898,04 km in 67 h 2 min 38 sec) und dabei acht neue FAI-Weltrekorde aufstellte.

Typ:	Virgin Atlantic Global Flyer Model 311
Herkunftsland:	USA
Verwendung:	Experimentalflugzeug
Spannweite:	34,80 m
Länge:	13,50 m
Antrieb:	1 Williams International FJ44-3 ATW 10,2 kN (1040 kp)
max. Startmasse:	9900 kg
Reisegeschwindigkeit:	ca. 550 km/h
Reichweite:	40 210 km
Besatzung:	1

Glossar

Allgemeine Luftfahrt – engl. General Aviation (GA), zivile, überwiegend private Luftfahrt (private und kommerzielle Flüge einschließlich Rettungshubschrauber u. Ä.); der gesamte zivile Luftverkehr mit Ausnahme des Linien- und Charterverkehrs durch die Fluggesellschaften. Sie umfasst Flugbewegungen, die sowohl als Sichtflüge als auch nach den Regeln für Instrumentenflüge im kontrollierten wie im unkontrollierten Luftraum durchgeführt werden. Nach Anzahl der Luftfahrtgeräte und Flugbewegungen (nicht nach Passagier- und Frachtaufkommen) ist die Allgemeine Luftfahrt das größte Segment der zivilen Luftfahrt.

APU – Auxiliary Power Unit = Versorgungsaggregat, das in der Regel elektrische Energie und ggf. auch Druckluft oder Hydraulikdruck zum autarken Betrieb der Flugzeugausrüstung am Boden liefert, ohne dass die Haupttriebwerke dafür laufen müssen.

ATPL-Lizenz – Abkürzung für Airline Transport Pilot Licence (dt.: Lizenz für Verkehrspiloten), wird in Deutschland vom Luftfahrt-Bundesamt Braunschweig ausgestellt und berechtigt zum gewerblichen Führen von Flugzeugen und Hubschraubern als verantwortlicher Pilot.

Autogyro – Drehflügelflugzeug (auch Tragschrauber); als Auftriebsfläche dient ein Rotor, der aber keinen Eigenantrieb besitzt, sondern vom Fahrtwind bewegt wird. Der Auftrieb des Rotors kann nur bei gleichzeitigem Vortrieb (durch Propeller oder im Schlepp) erzeugt werden. Das bedeutet, dass ein Autogyro-Fluggerät nicht senkrecht starten oder landen und keinen Schwebeflug wie ein Hubschrauber ausführen kann.

BOAC – British Overseas Airways Corporation, 1937 entstandene britische Luftfahrtgesellschaft, aus der 1974 nach Fusion mit der British European Airways die British Airways entstand.

Canards – so genannte „Entenflügel" bzw. Bauweise eines Flugzeugs als „Entenflugzeug" (nach dem französischen Wort für Ente) mit weit nach hinten verlagertem Haupttragwerk und vor die Tragflächen an den Rumpfbug vorgezogenem Höhenleitwerk.

ECM – Abkürzung für Electronic Counter Measures (Elektronische Gegenmaßnahmen); Mittel der elektronischen Kampfführung unter Nutzung des elektromagnetischen Spektrums, das dessen Nutzung durch einen Gegner verhindern oder stören soll bzw. dazu dient, den Gegner zu täuschen.

EFIS – Abkürzung für Electronic Flight Instrument System (Elektronisches Fluginformationssystem).

EICAS – Abkürzung für Engine Indication and Crew Alerting System; elektronisches System zur Triebwerksüberwachung.

FAA – Abkürzung für Federal Aviation Administration, die Luftfahrtaufsichtsbehörde der USA.

FAI – Fédération Aéronautique Internationale, internationale nichtstaatliche und nichtkommerzielle Organisation für Luft- und Raumfahrt, die Rekordleistungen dokumentiert und kontrolliert.

Glascockpit – umgangssprachliche Bezeichnung für ein Elektronisches Fluginformationssystem, dessen Anzeigen in Bildschirmen (daher der Name) integriert sind.

Hochdecker – wird ein Flugzeug genannt, wenn die Tragfläche über der Rumpfoberkante angebracht ist.

ICAO – International Civil Aviation Organization, mit Sitz in Montreal, 1944 durch Übereinkommen über die internationale Zivilluftfahrt gegründet.

IFR – das Führen eines Flugzeugs nach den Regeln des Instrumentenflugs (Instrument Flight Rules).

Kobra-Manöver – steiles Aufrichten der Nase im Steigflug mit schlagartiger Erhöhung des Luftwiderstands, momentanes „Stehen" in der Luft, anschließend Abfangen des heckseitigen Absackens mit Bug in Flugrichtung, Beschleunigen und Übergang in den Horizontalflug.

Lichtensteingerät – Radargerät, das deutsche Nachtjäger während des 2. Weltkriegs seit 1942 mitführten.

Mitteldecker – wird ein Flugzeug genannt, wenn die Tragfläche mittig am Rumpf angeordnet ist.

NVA – Abkürzung für Nationale Volksarmee; die Streitkräfte der DDR (1956–1990).

Parasol-Hochdecker – Flugzeug, bei dem sich der Tragflügel – wie ein Baldachin – über dem Pilotensitz befindet.

RAF – Royal Air Force, Bezeichnung für die Luftstreitkräfte Großbritanniens. Neben der RAF verfügten auch die Royal Navy (Fleet Air Arm) und die Army über bedeutende Fliegerkräfte.

RLM – Reichsluftfahrtministerium, 1933–1945 oberste Behörde für die Belange der zivilen und militärischen Luftfahrt in Deutschland.

SAR – Abkürzung für Search and Rescue (suchen und retten), Such- und Rettungsdienst der Luft- und Seefahrt.

Schräge Musik – Pilotenjargon: Deutsche Nachtjäger des 2. Weltkriegs besaßen zwei 20- oder 30-mm-Kanonen, die hinter der Kanzel im Winkel von 65° bis 80° schräg nach oben schossen. Sie ermöglichten von unten her den Angriff auf britische Bombenflugzeuge in deren totem Abwehrwinkel.

Schulterdecker – nennt man ein Flugzeug, wenn die Tragfläche unterhalb der Augenhöhe des Piloten, aber über dem Rumpf angeordnet ist.

STOL – Abkürzung für Short Take-off and Landing (Kurzstart und -landung).

STOVL – Abkürzung fürt Short Take-off and Vertical Landing (Kurzstart und Senkrechtlandung).

Tiefdecker – wird ein Flugzeug genannt, wenn die Tragfläche an der Unterseite des Rumpfes angeordnet ist.

TNT – Abkürzung für Trinitrotoluol, Sprengstoff, der als Vergleichsmedium für die Wirkung von Explosivstoffen herangezogen wird.

Transition – Übergang vom Vertikal- in den Horizontalflug und umgekehrt bei senkrecht startenden und/oder landenden Flugzeugen.

USAAC – United States Army Air Corps, 1926–1941 Bezeichnung für die USAF.

USAAF – United States Army Air Force, 1941–1947 Bezeichnung für die USAF.

USAF – United States Air Force, Luftstreitkräfte der USA. Neben der USAF verfügen auch die Navy, die Army, das Marine Corps, die Coast Guard und die National Guard über bedeutende Flotten von Flugzeugen und Hubschraubern.

VSTOL – Abkürzung für Vertical Short Take-off and Landing (Senkrecht-Kurzstart und -landung).

VTOL – Abkürzung für Vertical Take-off and Landing (Senkrechtstart und -landung).

Warschauer Vertrag – Militärbündnis kommunistisch regierter Staaten unter Führung der Sowjetunion (1955–1991); auch Warschauer Pakt genannt.

Wasserstoffantrieb – alternatives Treibstoffkonzept. Bereits 1957 wurde eine Martin B-57 versuchsweise mit Wasserstoff angetrieben.

WPS – Wellen-PS: Leistung einer Propeller- oder Gasturbine, gemessen an der Welle, wobei der Restschub unberücksichtigt bleibt.

Register

Register

Bildnachweis

Aero Auctioneer, Neufra/Riedlingen: S. 112; Airbus S.A.S., Cesson Sévigné, France: S. 30, 258–259, 260–261; Berliner Flughäfen Pressestelle: S. 15, 20–21 (G. Wicker), 53 (L. Schönfeld), 63 (L. Schönfeld), 80 (L. Schönfeld), 132 (L. Schönfeld); Olaf Bichel, München: S. 223, 270; Bildarchiv AirKraft, Mainz: S. 7, 33, 38, 58, 84, 128, 233, 235, 242–243, 244–245, 248, 249, 252; boeing.com, U.S.A.: S. 49; Bombardier Inc. Aircraft, Douglas, Canada: S. 50, 88; Nico Braas, Almere-Buiten, Netherlands: S. 136, 173, 262; Antonio Camarasa, airliners.net: S. 100; Cessna Aircraft Company, Wichita/Kansas, U.S.A.: S. 54; Daimler Chrysler Aerospace AG, München: S. 278; Dassault Falcon Jet Corp., South Hackensack, U.S.A.: S. 57; Deutsches Wehrkundearchiv, Herford: S. 11, 12, 39, 73, 78, 131, 135, 179, 181, 196, 227; Paul Dopson, airliners.net: S. 36; Ralph Duenas, airlinespotters: S. 23; EADS Deutschland GmbH, München: S. 68; Embraer S.A., São José dos Campos, Brasil: S. 69, 70, 71; Eurocopter/EADS: S. 150 (Gerome Deulin), 151 (Wolfgang Obrusnik); Fincomm/GoldenAir, Finland: S. 99; Flodur, airliners.net / flodur.net: S. 111; Stephen Galea, jetpilot.dk: S. 13, 224; Goleta Air & Space Museum, U.S.A.: S. 251 (Brian Lockett); U. Grüschow, Berlin: S. 162–163, 176, 238; Gareth Hector, hyperscale.com: S. 216; Werner Horvath, airliners.net: S. 171, 204, 207, 215; Richard Hunt, airliners.net: S. 129; Junkers Bildarchiv, S+P Media AG, München: S. 85; M. Kaczmarczyk, aeroklub.poznan.pl: S. 82; Stefan Kessler, airliners.net: S. 114; Koninklijke Marine Foto Galerie, Den Haag, Netherlands: S. 247; Alfredo la Marca, airliners.net: S. 127; D. Lausberg, jetphotos.de: S. 265, 268, 269, 271; Bruce Leibowitz, airliners.net: S. 283; Lufthansa-Archiv, Frankfurt: S. 16, 26, 27, 45, 46, 47, 86, 89; Joseph Manchado, airliners.net: S. 52; Rolf Manteufel, planeboys.de: S. 32; Frank Mink, airliners.net: S. 104–105; Motivschmiede, Kassel: S. 56, 62, 281; NASA, Washington DC, U.S.A.: S. 18, 172, 272–273, 274–275, 276, 277, 279, 282; John Olafson, airliners.net: S. 92; Old Rhinebeck Aerodrome, Rhinebeck/NY, U.S.A.: S. 106–107; PAN-AM Airlines History, U.S.A.: S. 43, 44; Den Pascoe, airliners.net: S. 137; Yevgeny Pashin, airliners.net: S. 122–123, 125; Gerhard Plomitzer, airliners.net: S. 59, 77, 164, 170, 183, 197, 201, 203, 205, 206, 211, 213, 214, 217, 218, 219, 222, 225, 226, 230, 241, 250, 255; Fred Quackenbusch, airliners.net: S. 134; Patrick Ranfranz, charleslindbergh.com, U.S.A.: S. 119; Raytheon Company, Waltham, U.S.A.: S. 41; Sergey Riabsev, airliners.net: S. 98; Russian Aviation Museum, Moscow, Russia: S. 101; Saab AB, Sweden: S. 234 (Ingemar Thuresson); Jos Schoofs, airliners.net: S. 124; sikorsky.com: S. 157; Erick Stamm, airliners.net: S. 95; Peter Tonna, airliners.net: S. 93; United Kingdom Flying Displays and Museum, airmuseumsuk.org: S. 115, 177 (U. Noble); United States Air Force (USAF), U.S.A.: S. 9, 133, 146, 147, 148, 156, 158, 160–161, 165, 166, 167, 168, 169, 174, 175, 182, 187, 189, 192–193, 198, 200, 208, 209, 210, 220, 228, 229, 232, 246, 253, 254, 256, 257, 266, 267; U.S. Army, U.S.A.: S. 159; U.S. Navy, Washington DC, U.S.A.: S. 130, 178, 186, 199, 212; vespa.dk: S. 116; Christian Waser, Horw, Schweiz: S. 25, 28, 29, 31, 34, 35, 37, 40, 42, 48, 51, 55, 60, 61, 64, 65, 66, 67, 74, 75, 76, 79, 81, 83, 87, 90, 91, 94, 96, 97, 102, 103, 108, 109, 110, 113, 117, 118, 120–121, 138–139, 140–141, 142, 143, 144, 145, 149, 152, 153, 154, 155, 180, 184, 185, 188, 190, 191, 194–195, 202, 221, 231, 236, 237, 239, 240, 263, 264, 280; Gordon S. Williams from the collection of W. T. Larkins, ronsarchive.com: S. 126; Darren Wilson, jetphotos.net: S. 72